国家自然科学基金青年科学基金项目(51904094)资助
河南省重点研发与推广专项(科技攻关)项目(202102310292)资助
河南省高等学校重点科研项目计划(20A620003)资助
中国博士后科学基金面上项目(2020M672228)资助

可燃气体和粉尘两相混合体系爆炸原理及泄放技术

纪文涛　著

中国矿业大学出版社
·徐州·

内容提要

本书结合作者和国内外同行多年来的研究成果，介绍了可燃气体和粉尘两相混合体系爆炸特性及爆炸泄放特性，内容主要包括两相混合体系爆炸下限、最大爆炸压力和爆炸指数等参数变化规律及规律形成机理，两相混合体系爆炸危险性评估方法，两相混合体系爆炸下限、最大爆炸压力和爆炸指数等参数预测方法，两相混合体系泄爆压力和泄爆火焰结构变化规律，两相混合体系爆炸泄放设计方法优化等。

本书可作为普通高等学校安全工程等相关专业的教学参考用书，也可作为相关科研机构研究人员和工程技术人员的参考用书。

图书在版编目(CIP)数据

可燃气体和粉尘两相混合体系爆炸原理及泄放技术/纪文涛著.—徐州：中国矿业大学出版社，2022.10

ISBN 978-7-5646-5344-6

Ⅰ.①可… Ⅱ.①纪… Ⅲ.①气体爆炸—研究②粉尘爆炸—研究 Ⅳ.①O38②TD714

中国版本图书馆CIP数据核字(2022)第048709号

书　　名　可燃气体和粉尘两相混合体系爆炸原理及泄放技术
著　　者　纪文涛
责任编辑　黄本斌
出版发行　中国矿业大学出版社有限责任公司
　　　　　　(江苏省徐州市解放南路　邮编221008)
营销热线　(0516)83884103　83885105
出版服务　(0516)83995789　83884920
网　　址　http://www.cumtp.com　**E-mail**:cumtpvip@cumtp.com
印　　刷　江苏凤凰数码印务有限公司
开　　本　787 mm×1092 mm　1/16　**印张** 8　**字数** 144千字
版次印次　2022年10月第1版　2022年10月第1次印刷
定　　价　36.00元
(图书出现印装质量问题，本社负责调换)

前　言

在工业生产过程中，可燃气体与粉尘共存的气粉两相混合体系（以下简称“两相体系”）较为常见，其潜在的爆炸风险给生产安全带来严重威胁。深入理解两相体系爆炸原理及泄放理论，可为完善爆炸理论、构建科学的爆炸泄放技术提供指导。

本书主要分析了两相体系爆炸下限、最大爆炸压力和爆炸指数等参数变化规律，提出了两相体系爆炸危险性评估方法和两相体系爆炸下限、最大爆炸压力及爆炸指数等参数预测方法，阐明了两相体系泄爆压力和泄爆火焰结构变化规律，优化了两相体系爆炸泄放设计方法。全书共分为6章。第1章主要介绍了两相体系的工业背景、国内外研究现状、研究存在的问题和不足，以及本书的研究内容；第2章主要介绍了两相体系爆炸及泄放特性实验测定方法和技术；第3章主要介绍了两相体系爆炸下限变化规律，重点阐述了不同可燃气体和粉尘对两相体系爆炸下限变化规律影响的差异性，并建立了评估两相体系爆炸危险性的方法及预测两相体系爆炸下限的新方法；第4章主要介绍了两相体系爆炸压力、爆炸压力上升速率、最大爆炸压力和爆炸指数等强度参数的变化规律，探讨了可燃气体、粉尘和两相体系爆炸强度大小之间的关系，并提出了两相体系最大爆炸压力和爆炸指数的预测方法；第5章主要介绍了两相体系泄爆压力及泄爆火焰结构变化规律，并探讨了已有标准对两相体系爆炸泄放设计的适用性，最终优化了两相体系爆炸泄放设计方法；第6章主要总结了全书的研究内容并对以后研究工作进行了展望。

本书是作者诸多科研项目研究成果的结晶，如国家自然科学基金青年科学基金项目“瓦斯/煤尘复合爆炸耦合机制及量化模型研究”(51904094)、河南省重点研发与推广专项(科技攻关)项目“气粉两相体系复合爆炸火焰传播机理研究”(202102310292)、河南省高等学校重点科研项目计划“瓦斯/煤尘复合爆炸特性参数变化规律及量化模型研究”(20A620003)、中国博士后科学基金面上项目“气粉两相体系爆炸泄放动力学特性研究”(2020M672228)等。在此衷心感谢国家自然科学基金委员会、河南省科学技术厅、河南省教育厅、中国博士后科学基金会等部门在研究工作中给予的大力资助。

由于作者水平有限，书中疏漏之处在所难免，敬请读者不吝指正。

作 者

2021 年 6 月

目　　录

1 绪　论

1.1 背景和意义

1.1.1 研究背景

工业介质爆炸是工业生产以及人们生活过程中最为常见的灾害事故之一，严重制约着国民经济的发展。这些爆炸常以三种形式呈现：可燃气体或蒸汽爆炸、粉尘爆炸、化学反应失控爆炸，其中可燃气体和粉尘爆炸因其特殊的爆炸特性往往能引起较大的事故后果[1]。鉴于此，国内外学者在可燃气体和粉尘爆炸特性以及火焰传播机理等方面开展了大量的科学研究并取得了丰硕的成果，这在很大限度上降低了爆炸事故频率，减少了爆炸事故灾害，给国民经济的发展带来了积极的影响。

但是，以往的研究对象多为单相可燃气体或粉尘，得到的研究成果以及基于研究成果开发的防护措施往往具有较强的针对性。而在实际工业生产过程中，可燃气体和粉尘共存的两相体系比较常见[2]，如印刷企业中的颜料和稀释剂挥发分，食品加工企业中的面粉和发酵气体，塑制品加工企业中的聚烯烃粉尘和烯烃、烷烃，煤炭开采过程中的煤尘和瓦斯等[3]。在实际工业爆炸事故中，有很多是由可燃气体和粉尘共同作用引发的[4]。例如，煤矿井下爆炸，多数是瓦斯和煤尘的混合爆炸[5]。又如，在聚烯烃材料生产、制备、储运等过程中，常发生聚烯烃粉尘爆炸事故[6]，而在聚烯烃生产、制备、储运等过程中常伴有乙烯、乙烷、丙烯、氢气等可燃气体的析出。因此，聚烯烃粉尘爆炸一般都是以聚烯烃粉尘为主并伴有乙烯、乙烷、丙烯、氢气等可燃气体的爆炸。

已有研究表明，两相体系具有明显高于单相可燃气体或粉尘的爆炸危险性和危害性。鉴于两相体系特殊的爆炸特性以及由其引发的爆炸事故对工业生产造成的威胁，无论是从工人的人身安全、企业的设备安全以及社会影响等任意角度来看，都很有必要对两相体系爆炸特性以及相应的爆炸防护措施（如爆炸泄放等）进行深入研究，进而为两相体系爆炸事故的预防和控制提供理论依据和技术指导。

1.1.2 研究意义

若要全面了解和掌握两相体系爆炸特性，需要从爆炸感度参数和强度参数两个方面入手进行研究。其中，爆炸感度参数主要包括爆炸极限、最小点火能量和最低着火温度等，爆炸强度参数主要包括爆炸压力、爆炸压力上升速率和爆炸指数等。

在多种爆炸感度参数中，爆炸下限作为表征可爆介质敏感程度的参数，对工业安全评估和防护非常重要。对于常规可燃气体和粉尘，它们的爆炸下限或最小爆炸浓度可以通过标准实验测量获得。而两相体系爆炸下限受气粉浓度配比的影响，如果完全通过实验的方法测量其数值，则工作量过大。因此，两相体系爆炸下限变化规律和两相体系爆炸下限预测方法成为科研人员研究的重点。

爆炸强度参数是表征可爆介质危害程度、危险等级的重要特征参数，也是爆炸防护设计的重要参考依据。已有研究表明，两相体系具有既不同于单相可燃气体、又不同于单相粉尘的爆炸强度参数变化规律。因此，研究两相体系爆炸强度参数变化规律、探究两相体系与单相可燃气体爆炸或粉尘爆炸强度参数之间的区别和联系，对于完善两相体系爆炸防护设计方法具有重要意义。

相关的可燃气体和粉尘爆炸理论以及预防措施只能在一定限度上减小爆炸发生的概率，而无法杜绝爆炸的发生。因此，采取相关措施降低爆炸强度、减少爆炸带来的损失是十分必要的[7]。爆炸泄放作为一种有效保护设备安全的防护技术广泛应用于具有爆炸风险的工业厂房和容器中。国内外学者已对可燃气体和粉尘爆炸泄放特性开展了大量的实验研究，并基于大量的爆炸泄放实验结果，初步形成了一系列的爆炸泄放设计方法和设计标准，如被普遍认可并广泛使用的 NFPA 68、EN 14491、EN 14994 等。但是，针对两相体系爆炸泄放特性研究却鲜有报道。爆炸泄放是一个耦合了湍流流动与可燃介质振荡燃烧的复杂的非定常过程，而两相体系更为复杂的燃烧过程必将导致其更加复杂的爆炸泄放特性。因此，研究两相体系爆炸泄放过程中的动力学发展规律、泄爆压力和火焰的同步变化过程将在一定程度上完善爆炸泄放理论，为两相体系爆炸泄放设计提供理论依据。

1.2 国内外相关工作研究进展

关于两相体系爆炸特性的研究最早可追溯至19世纪80年代，K. O. V. Engler[8]最早研究了甲烷-煤尘两相体系的爆炸特性，发现低于爆炸下限的甲烷和低于最小爆炸浓度的煤尘混合后仍然具有可爆性。甲烷-煤尘两相体系特殊的爆炸特性引起科研人员的广泛关注，就此拉开了两相体系爆炸特性的研究序幕。随着工业生产过程的机械化、集约化，在工业生产过程中出现两相体系的场所越来越多，爆炸危险性也越来越大。因此，关于两相体系爆炸特性的研究对象以及研究内容都在向多元化发展。基于国内外学者关于两相体系爆炸特性的研究，可将研究内容分为两个方面：爆炸感度参数研究和爆炸强度参数研究。

在爆炸泄放特性的研究过程中，研究人员主要关注两个方面：一是泄爆压力和火焰，二是泄放设计方法。国内外学者对爆炸泄放特性的研究多集中于单相可燃气体或粉尘，而对两相体系爆炸泄放特性的研究鲜有报道。因此，此部分将从泄爆压力和火焰、泄放设计方法两个方面，以可燃气体和粉尘爆炸泄放为主来介绍两相体系爆炸泄放特性的研究现状。

1.2.1 爆炸感度参数研究现状

爆炸感度参数主要包括爆炸极限、最小点火能量、最低着火温度等，其中爆炸下限作为最能表征可燃介质爆炸危险性的参数，研究最为广泛。P. Cardillo等[9]实验研究了丙烷对聚丙烯和聚乙烯两种有机粉尘最小爆炸浓度的影响，发现较低浓度的丙烷即可引起聚丙烯和聚乙烯粉尘最小爆炸浓度的明显降低。同时，P. Cardillo等又研究了丙烷对无机铁粉最小爆炸浓度的影响，结果与有机粉尘相似，浓度为1%的丙烷即可导致铁粉最小爆炸浓度由200 g/m^3降低至100 g/m^3。

G. Pellmont[10]实验研究了丙烷对粒径为20 μm的聚氯乙烯粉尘最小爆炸浓度的影响，结果表明聚氯乙烯粉尘的最小爆炸浓度随两相体系中丙烷浓度的升高而呈现线性降低趋势，浓度为1%的丙烷即可导致聚氯乙烯粉尘最小爆炸浓度由500 g/m^3降低至250 g/m^3。K. L. Cashdollar[11]将低于爆炸下限的甲烷分别混入两种挥发分含量不同且低于最小爆炸浓度的煤尘中后，两种煤尘均发生了爆炸。K. Chatrathi[12]实验研究了丙烷-玉米淀粉两相体系爆炸下限变化规律，结果表明丙烷的添加能够明显降低玉米淀粉的最小爆炸浓度，玉米淀粉的添加也能明显降低丙烷的爆炸下限。A. Garcia-Agreda等[13]

在 20 L 球形爆炸容器中实验研究了甲烷对烟酸最小爆炸浓度的影响，结果表明甲烷的添加能够明显降低烟酸最小爆炸浓度。I. Khalili 等[14]在 20 L 球形爆炸容器中实验研究了甲烷和己烷蒸气对玉米淀粉最小爆炸浓度的影响，发现浓度为 1% 的甲烷或己烷蒸气均能引起玉米淀粉最小爆炸浓度的明显降低。P. Kosinski 等[15]将低于爆炸下限的丙烷添加至不能发生爆炸的炭黑粉尘云中，并使用 1 kJ 的化学点火头进行点火，获取了稳定传播的爆炸火焰。M. Nifuku 等[16]实验研究了环戊烷蒸气对聚氨酯粉尘最小爆炸浓度的影响，结果表明聚氨酯粉尘最小爆炸浓度随着环戊烷蒸气浓度的升高而降低。

基于上述研究我们可以总结出如下结论：可燃气体的添加能够降低粉尘最小爆炸浓度，同时粉尘的添加也能降低可燃气体的爆炸下限。从另外一个角度也可做如下描述：低于爆炸下限的可燃气体和低于最小爆炸浓度的粉尘混合后仍然具有爆炸危险性。然而，在实际工业生产中，往往需要我们对两相体系是否能够发生爆炸做出预判，进而采取相应的防护措施，消除爆炸危险性。这就需要我们了解和掌握不同浓度的可燃气体或粉尘对应的另外一种粉尘的最小爆炸浓度或可燃气体的爆炸下限。常见的可燃气体爆炸下限及粉尘的最小爆炸浓度已基本通过大量的标准实验测量得到。而两相体系的爆炸下限受可燃气体和粉尘浓度配比的影响，如果完全通过实验的方法测量其数值，则工作量过大。因此，是否能够依据单相可燃气体爆炸下限和粉尘最小爆炸浓度构建一个能够预测两相体系爆炸下限的模型或方法成为科研人员思考和研究的重点。

基于此，K. L. Cashdollar 等[17]以甲烷和煤尘为研究对象开展了大量的实验研究，并结合实验结果提出了一个关联可燃气体爆炸下限、粉尘最小爆炸浓度、可燃气体体积浓度和粉尘质量浓度的两相体系爆炸下限预测公式（Le Chatelier 模型）：

$$\frac{c}{c_{\mathrm{MEC}}} + \frac{y}{y_{\mathrm{LEL}}} = 1 \tag{1-1}$$

式中 c——两相体系中粉尘质量浓度，g/m³；

y——两相体系中可燃气体体积浓度，%；

c_{MEC}——粉尘最小爆炸浓度，g/m³；

y_{LEL}——可燃气体爆炸下限，%。

此后，K. L. Cashdollar 等又对该公式的适用性进行了验证，发现该公式在预测挥发分含量较低的甲烷-煤尘两相体系爆炸下限时的精确度较低。这是因为该公式的提出考虑了介质的燃烧火焰温度，只有当两相体系中的可燃气体和粉尘的燃烧火焰温度相等或相近时，该公式才具有较好的适用性[18]。

W. Bartknecht[19]以甲烷和聚烯烃粉尘为研究对象开展了一系列的实验研究，并结合实验结果提出了一个关联可燃气体爆炸下限、粉尘最小爆炸浓度、可燃气体体积浓度和粉尘质量浓度的二阶曲线方程(Bartknecht 模型)：

$$\frac{c}{c_{\text{MEC}}} = \left(1 - \frac{y}{y_{\text{LEL}}}\right)^2 \tag{1-2}$$

I. Khalili[14]、E. K. Addai 等[20]和 R. Sanchirico 等[21]采用多种可燃气体和粉尘对上述两种方法进行了实验验证，发现 Le Chatelier 模型和Bartknecht 模型均具有较强的局限性，在实际应用中均存在较大误差。

J. J. Jiang 等[22-23]在 36 L 球形爆炸容器中实验测试了甲烷-玉米淀粉、甲烷-烟酸、乙烷-烟酸、乙烯-烟酸 4 种气粉两相体系的爆炸下限，并将实验测量值与 Le Chatelier 模型和 Bartknecht 模型的预测值进行对比，结果发现实验测量值比 Le Chatelier 模型和 Bartknecht 模型的预测值都大。结合 Le Chatelier模型和 Bartknecht 模型，J. J. Jiang 等提出了一种新的两相体系爆炸下限预测方法(Jiang 模型)，该方法在考虑初始湍流的前提下将两相体系的爆炸下限同可燃气体和粉尘的爆炸指数联系在一起，以期更加精确地预测两相体系爆炸下限，其计算公式如下：

$$\frac{c}{c_{\text{MEC}}} = \left(1 - \frac{y}{y_{\text{LEL}}}\right)^{(1.12 \pm 0.03)\frac{K_{\text{St}}}{K_{\text{G}}}} \tag{1-3}$$

式中 K_{St}——粉尘爆炸指数，MPa·m/s；

K_{G}——可燃气体爆炸指数，MPa·m/s。

虽然上式考虑了可燃气体和粉尘爆炸指数，但是可燃气体和粉尘的爆炸指数受实验条件影响较大，因此该公式在使用时误差较大，对介质种类和实验条件均具有较强的依赖性。

两相体系最小点火能量和最低着火温度同样作为表征可燃介质爆炸危险性的特征参数，也引起了国内外学者的广泛关注。W. Bartknecht[19]对含有丙烷的多种两相体系最小点火能量进行了测试，结果表明两相体系的最小点火能量因丙烷的添加而明显降低，并且随着丙烷浓度的升高，两相体系最小点火能量值向相同初始湍流条件下的丙烷最小点火能量值靠近。采用 W. Bartknecht的实验数据，L. G. Britton[2]提出了一个预测两相体系最小点火能量的半经验公式：

$$E_{\text{HMIE}} = \exp\left[\ln E_{\text{DMIE}} - \left(\frac{y}{y_0}\right)\ln\left(\frac{E_{\text{DMIE}}}{E_{\text{GMIE}}}\right)\right] \tag{1-4}$$

式中 E_{HMIE}——两相体系最小点火能量，mJ；

E_{DMIE}——单相粉尘最小点火能量，mJ；

E_{GMIE}——单相可燃气体最小点火能量，mJ；

y——两相体系中可燃气体体积浓度，%；

y_0——可燃气体获取最小点火能量时对应的体积浓度，%。

E. K. Addai 等[24]使用哈特曼管对甲烷、丙烷和 7 种粉尘（小麦淀粉、蛋白粉、聚乙烯粉、泥煤粉、糊精粉、木炭粉、褐煤粉）两两组成的 14 种两相体系的最小点火能量进行了测试，结果表明少量低于爆炸下限的甲烷或丙烷可导致粉尘最小点火能量的明显降低，例如，向聚乙烯粉尘中添加浓度为 1%的丙烷后，最小点火能量由 116 mJ 降低至 5 mJ。基于实验结果，E. K. Addai 等还对式(1-4)进行了修正：

$$E_{HMIE} = \frac{E_{DMIE}}{(E_{DMIE}/E_{GMIE})^{y/y_0}} \tag{1-5}$$

I. Khalili 等[14]同样使用哈特曼管研究了己烷和葵花油蒸气对小麦淀粉、硬脂酸镁粉尘和向日葵油饼粉末最小点火能量的影响。结果表明，浓度低于 1%的可燃气体或蒸气即可引起粉尘最小点火能量的明显降低。结合 W. Bartknecht的实验数据和 L. G. Britton 提出的数学模型，I. Khalili 等引入了临界点火内核直径 D_c，构建了新的两相体系最小点火能量预测模型：

$$E_{HMIE} = E_{GMIE} + (E_{DMIE} - E_{GMIE}) \cdot \left(\frac{D_{c\text{-}hybrid} - D_{c\text{-}gas}}{D_{c\text{-}dust} - D_{c\text{-}gas}}\right) \tag{1-6}$$

式中 $D_{c\text{-}hybrid}$——两相体系临界点火内核直径，m；

$D_{c\text{-}dust}$——粉尘临界点火内核直径，m；

$D_{c\text{-}gas}$——可燃气体临界点火内核直径，m。

E. K. Addai 等[25]还采用最低着火温度测试装置对甲烷、丙烷、氢气和小麦淀粉、石松子粉尘、色素、木屑、CN_4（沥青与褐煤的混合物）等粉尘两两组成的多种两相体系最低着火温度进行了实验测量，发现少量低于最小爆炸浓度的色素即可导致甲烷的最低着火温度由 600 ℃降低至 530 ℃，而少量低于爆炸下限的甲烷也能够致使木屑的最低着火温度由 460 ℃降低至 420 ℃，即低于爆炸下限的可燃气体能够明显降低粉尘的最低着火温度，而低于最小爆炸浓度的粉尘也能明显降低可燃气体的最低着火温度。

国内关于两相体系爆炸感度参数的研究相对较少，研究内容也多以煤矿为工业背景，集中于瓦斯-煤尘两相体系。李刚等[26]在改进的粉尘云最低着火温度测试装置中对瓦斯-煤尘两相体系的最低着火温度进行了实验测量，发现当有煤尘存在时，瓦斯-煤尘-空气三种成分耦合体系的最低着火温度低于单相瓦斯、煤尘的最低着火温度,且煤尘粒径越小、煤尘挥发分越大,耦合体系的最低着火温度下降得越多。卢楠等[27]通过计算得到瓦斯爆炸反应过程中引发链断裂产生自由基需要的化学键能,并对煤尘存在条件下的瓦斯爆炸下限降低的现象进行分析,得出煤尘更容易被引爆。这是因为煤尘化学结构更有利于自由基的形成,从而引发链式反应,所以煤尘比瓦斯更容易被引爆,在瓦斯和煤尘共存的体系中,是煤尘引爆瓦斯,而不是瓦斯引爆煤尘。因此,煤尘的存在将导致瓦斯爆炸下限的降低。刘义等[28]在 3.2 L 的燃烧容器中,实验研究了不同甲烷浓度、煤尘种类和粒径条件下的甲烷-煤尘两相体系爆炸下限变化规律,发现两相体系爆炸下限随甲烷浓度的升高而明显降低,甲烷对煤尘最小爆炸浓度的影响趋势并不受点火能量的影响。司荣军等[29]系统研究了瓦斯对煤尘最低着火温度、最小点火能量、最小爆炸浓度等的影响,结果表明:瓦斯对煤尘最低着火温度的影响不大,但可使煤尘最小点火能量减小,尤其是对难于被点燃的煤尘;瓦斯-煤尘两相体系的爆炸下限随瓦斯浓度的升高而降低。谭汝媚等[30]对环氧丙烷蒸气-铝粉两相体系爆炸特性进行了实验研究,发现环氧丙烷蒸气能够导致铝粉最小爆炸浓度降低。

1.2.2 爆炸强度参数研究现状

爆炸强度参数主要包括爆炸压力、爆炸压力上升速率和爆炸指数等,它们是表征两相体系爆炸危害性以及用于安全防护设计的重要特征参数,因此引起了国内外学者广泛的研究。W. Bartknecht[19]最早在容积为 1 m^3 的爆炸容器中研究了甲烷的添加对煤粉爆炸压力和爆炸压力上升速率的影响,发现添加少量的甲烷就能引起煤粉爆炸压力上升速率的明显增大。后期,W. Bartknecht 又分别对纤维素粉尘与甲烷、丙烷和丁烷的两相体系爆炸特性进行了实验研究,发现与纤维素粉尘单独爆炸相比,两相体系最大爆炸压力只有少量升高,但是爆炸压力上升速率却明显增大。

C. J. Dahn 等[31]在 7.8 L 和 20 L 两种不同容积的爆炸容器中采用电火花点火的方式分别研究了汽油气、乙烷、甲苯蒸气、二甲苯蒸气对不同浓度的 RDF(垃圾衍生燃料)粉尘爆炸压力和爆炸压力上升速率的影响,发现即使较低浓度的可燃气体或蒸气也可引起不同浓度的 RDF 粉尘爆炸压力和爆炸压力上升速率的明显提升。R. Pilão 等[32]将甲烷混入木屑粉尘云中,在 22.7 L 球形爆炸容器中测量了甲烷-木屑两相体系的爆炸压力和爆炸压力上升速率,发现木屑爆炸压力和爆炸压力上升速率受较低浓度甲烷的影响较小,只有当甲烷浓度高至一定浓度时木屑爆炸压力上升速率才有明显增大,但爆炸压力增幅相对较小。随着木屑浓度的逐渐升高,甲烷对木屑爆炸压力和爆炸压力上升速率的影响逐渐减小。

O. Dufaud 等[3,33]以药物加工为工业背景，探究了药物溶解剂蒸气（乙醇、二异丙醚、甲苯）对药物粉尘（硬脂酸镁、维生素、抗生素）爆炸特性的影响。实验在 20 L 球形爆炸容器中进行，系统测量了不同浓度配比下的两相体系爆炸压力、爆炸压力上升速率、爆炸指数等参数的变化规律。结果表明，药物溶解剂蒸气的添加对药物粉尘爆炸过程的燃烧动能具有明显的促进作用，尤其是当药物粉尘浓度低于当量浓度时，溶解剂蒸气的添加将明显增大其爆炸压力上升速率。

K. Chatrathi[12]通过改变丙烷和玉米淀粉浓度，分析了不同浓度配比下的丙烷-玉米淀粉两相体系爆炸压力上升速率变化规律。结果表明，当玉米淀粉浓度为 100 g/m^3、丙烷浓度为 5%时，两相体系爆炸压力上升速率为 63.0 MPa/s，大于单相玉米淀粉爆炸压力上升速率（24.2 MPa/s）和单相丙烷爆炸压力上升速率（53.0 MPa/s），因此文献作者认为在粉尘爆炸防护设计时，应以两相体系爆炸强度作为参考依据。

A. Di Benedetto 等[34]通过改变点火能量和初始湍流强度，研究了点火能量和初始湍流强度耦合作用下的甲烷-烟酸两相体系爆炸强度变化规律。结果表明，两相体系爆炸强度主要依赖于初始湍流强度，受点火能量的影响较小。

R. Sanchirico 等[4]、A. Garcia-Agreda 等[13]以甲烷-烟酸、丙酮蒸气-烟酸为研究对象，分析了两相体系爆炸机理，强调了初始湍流强度在两相体系爆炸过程中的作用。由于气体爆炸压力上升速率受初始湍流强度影响较大，文献作者提出两相体系在爆炸过程中的“激励效应”主要来源于初始强湍流，强湍流增大了两相体系中的可燃气体燃烧速率，进而导致两相体系爆炸压力上升速率的明显增大。为此，文献作者基于 20 L 球形爆炸容器，在相同初始湍流条件下系统测量了甲烷、丙酮蒸气、烟酸和两相体系的爆炸强度参数，发现相同初始湍流条件下两相体系爆炸强度参数大于粉尘爆炸强度参数，但小于可燃气体爆炸强度参数。根据两相体系中粉尘和可燃气体浓度，文献作者将两相体系爆炸机理分为五个区：非爆区、协同区、粉尘主导区、气体主导区和气粉共同作用区。

A. Denkevits[35]采用 20 L 球形爆炸容器，实验研究了氢气-石墨粉两相体系爆炸特性。结果表明，当两相体系中氢气浓度过低时（低于或等于 8%），其爆炸压力及爆炸压力上升速率低于同浓度条件下单相氢气爆炸压力及爆炸压力上升速率。文献作者认为低浓度的氢气燃烧产生的热量不足以点燃石墨粉，即在该过程中石墨粉不仅没有参与燃烧反应，而且吸收了部分氢气燃烧放出的热量，进而起到抑制氢气爆炸的作用。当氢气浓度处于 10%～12%时，两相体系爆炸压力曲线出现双峰结构，此时石墨粉参与燃烧反应，爆炸过程可以分为两个阶段:第一阶段为氢气燃烧阶段,第二阶段为石墨粉燃烧阶段。石墨粉参与燃烧导致该浓度范围内的两相体系爆炸压力高于单相氢气爆炸压力,但两相体系爆炸压力上升速率却小于单相氢气爆炸压力上升速率(部分氢气燃烧阶段放出的热量用于点燃石墨粉)。当氢气浓度高于12%时,双峰结构消失,这是因为随着氢气浓度的升高,部分氢气燃烧放出的热量足以引燃石墨粉,此时爆炸进入氢气和石墨粉同时燃烧的阶段,相当于同一种燃料燃烧,即双峰结构发生重叠,形成单峰压力曲线。另外,随着氢气浓度的升高,石墨粉参与燃烧反应的浓度范围也随之扩大,下限降低、上限增高,同时石墨粉爆炸最佳浓度随着氢气浓度的升高而降低。A. Denkevits 等[36]还对氢气-铝粉两相体系爆炸特性进行了实验研究,发现两相体系爆炸压力和爆炸压力上升速率总是大于相同浓度下单相氢气和单相铝粉的爆炸压力和爆炸压力上升速率。当两相体系中氢气和铝粉浓度较低时,两相体系爆炸需要经历两个阶段:氢气爆炸和随后的铝粉爆炸。当氢气和铝粉浓度高至一定浓度时,两相体系中的氢气和铝粉几乎同时发生爆炸。

M. J. Ajrash 等[37]使用20 L球形爆炸容器实验研究了甲烷-煤尘两相体系爆炸特性,发现浓度为0.75%~1.25%的甲烷即可导致煤尘爆炸压力由0.03 MPa增加至0.12 MPa,爆炸指数由1 MPa·m/s增加至2.5 MPa·m/s。E. K. Addai 等[38]对同时含有两种可燃气体(甲烷和丙酮蒸气)和一种粉尘(小麦淀粉)的两相体系爆炸特性进行了实验研究,发现少量的甲烷和丙酮蒸气混合气体即可引起小麦淀粉爆炸强度的明显提升。R. Sanchirico 等[39]对同时含有两种粉尘(石松子和烟酸)和一种可燃气体(甲烷)的复杂两相体系的爆炸特性进行了实验研究,发现甲烷的添加能够引起石松子和烟酸混合物爆炸压力和爆炸压力上升速率的提升,但在相同甲烷浓度条件下,只有当两相体系中石松子和烟酸浓度配比为1∶1时,爆炸强度才能达到最高。

1.2.3 爆炸泄放特性研究现状

1.2.3.1 泄爆压力和火焰研究现状

在可燃气体泄爆压力和火焰方面,A. J. Harrison 等[40]在容积为30 m^3的容器内开展了一系列的可燃气体爆炸泄放实验。通过测量容器内、外泄爆压力并结合高速摄像系统所拍摄的泄爆口外部火焰形态,证实了爆炸泄放可导致泄爆口外侧的二次爆炸。A. J. Harrison 等认为二次爆炸是由泄爆口的喷射火焰引燃泄放至容器外部的未燃气云引起的,且二次爆炸强度随着喷射火焰速度的增大而增大。二次爆炸形成的压力波会阻碍容器内部的超压泄放过程,从而增大容器内部压力,但是该阻碍作用与容器内、外侧压力大小以及泄爆口径均有重要关系。S. K. Chow 等[41]在长径比为 3∶1、容积为 195 L 的柱形容器内实验研究了不同泄压面积、泄爆膜静态动作压力、点火位置、气体种类和管道方位等条件下的泄爆压力和火焰变化规律。实验过程中同样产生了二次爆炸现象,并发现泄爆口外部的二次爆炸对火焰尺度有很大影响。

Y. Cao 等[42]在容积为 12.27 L 的球形爆炸容器中实验研究了点火位置对氢气爆炸泄放特性的影响。结果表明,氢气爆炸泄放可导致外部爆炸,且外部爆炸压力与泄爆膜静态动作压力和点火位置均有密切关系。外部爆炸压力随着泄爆膜静态动作压力的升高而升高,且当点火位置位于容器最里侧时,泄放导致的外部爆炸压力最高。

Q. Bao 等[43]通过改变可燃气体(甲烷)浓度和泄爆膜类型,在一个容积为 12 m^3 的混凝土建筑物中实验研究了甲烷浓度(6.5%～13.5%)和泄爆膜静态动作压力(0.3～55.0 kPa)对容器内泄爆压力的影响。结果表明,随着泄爆膜静态动作压力和甲烷浓度的改变,容器内泄爆压力曲线可以呈现 4 种不同的形态:① 当泄爆膜静态动作压力为 0.3 kPa,甲烷浓度为 7.5%～11.5%时的四波峰压力曲线;② 当泄爆膜静态动作压力为 0.3 kPa,甲烷浓度为 6.5%、12.5%和 13.5%时的连续双波峰压力曲线;③ 当泄爆膜静态动作压力为 7.3～55.0 kPa,甲烷浓度为 6.5%～11.5%时的间断双波峰压力曲线;④ 当泄爆膜静态动作压力为 7.3～55.0 kPa,甲烷浓度为 6.5%、12.5%和 13.5%时的单波峰压力曲线。结合爆炸泄放过程中的火焰传播特性,Q. Bao 等对各压力波峰形成的原因进行了分析。

D. P. J. McCann 等[44]在两个内截面边长分别为 18 cm 和 38 cm 的立方体容器内实验研究了可燃气体爆炸泄放过程中的气体动力学演化规律,发现较大口径的泄爆口容易导致泄爆压力产生赫姆霍兹振动,并认为该振动是由火焰加速导致火焰锋面的泰勒不稳定性形成的,而在较小泄爆口径及较高泄爆膜静态动作压力条件下泄爆压力会形成双峰结构,且第二波峰峰值是第一波峰峰值的数倍。

J. Guo 等[45]在一个小型的柱形容器内实验研究了泄爆膜静态动作压力对富燃料的甲烷-空气预混气体爆炸泄放特性的影响,通过观察爆炸泄放过程中容器内的火焰和压力曲线变化特征同样发现了爆炸泄放导致的赫姆霍兹振动现象,且赫姆霍兹振动的持续时间随着泄爆膜破裂压力的升高而减小,而容器内的最大泄爆压力随着泄爆膜静态动作压力的升高而升高。同时,他们还关注了泄放至容器外部火焰的传播特性,发现泄爆火焰具有同泄爆压力几乎相同的振动特征,随着泄爆膜静态动作压力的升高,泄爆火焰长度增大,但是在容器外部的持续时间却减小。

J. Guo 等[46]还在相同容器中对富燃料的氢气-空气预混气体(当量比 $\Phi=2$)爆炸泄放特性进行了实验研究,发现在较低泄爆膜静态动作压力条件下泄爆压力曲线呈现 4 个波峰,分别对应 4 个阶段,即破膜、泄放、容器内可燃气体快速燃烧和气体倒吸阶段。随着泄爆膜静态动作压力的升高,破膜和泄放引起的波峰逐渐消失,容器内可燃气体快速燃烧引起的压力升高开始占主导地位,而由气体倒吸引起的压力则始终保持在几千帕。与甲烷-空气预混气体相似,氢气-空气预混气体的泄爆压力和火焰同样呈现赫姆霍兹振动现象,振动频率约为 2 000 Hz,但该振动现象随着泄爆膜静态动作压力的升高逐渐消失。与甲烷-空气预混气体不同的是,氢气-空气预混气体的泄爆火焰长度几乎不受泄爆膜静态动作压力的影响。

乔丽等[47]模拟研究了泄爆膜静态动作压力和点火位置对甲烷泄爆压力的影响,发现泄爆膜距点火位置越近,管道内甲烷泄爆压力和温度峰值越高。任少峰等[48]采用高速纹影技术和高频压力数据采集技术实验研究了泄爆口比率对管道火焰传播特性的影响,发现 30%的泄爆口比率是火焰传播特性变化的拐点值,可作为有效爆炸泄放设计的重要参考值。徐进生等[49]在小尺度管道内实验研究了甲烷-空气预混气体爆炸火焰在泄放过程中的传播特性,并对实验结果进行了模拟验证,发现管道内火焰传播速度和泄爆压力都将经过上升、下降和小范围波动 3 个阶段,泄放后火焰将发生弯曲、褶皱和拉伸,而前驱压力波的作用是诱导火焰结构变化的重要原因。师喜林等[50]分别采用球形容器和球形管道联通容器对甲烷爆炸泄放过程进行了实验研究,结果表明:较小面积的泄爆口不仅不能降低容器内最大泄爆压力,反而会使其升高;当泄爆口位置远离点火源时,泄爆口才能较好地降低容器内最大泄爆压力,进而起到保护容器的作用。师喜林等[51]还对带有导管的球形容器爆炸泄放过程进行了数值模拟研究,模拟结果清晰地反映了爆炸泄放的整个过程,发现火焰在爆炸泄放过程中容易形成湍流,加快传播速度,泄爆导管将在很大程度上约束容器内高压气体的泄放。姜孝海、范宝春、叶经方等[52-57]在容积为 7.6 L 的柱形容器内开展了一系列的气体爆炸泄放特性实验,着重阐述了爆炸泄放过程中的二次爆炸现象,系统分析了空燃比、泄爆膜静态动作压力、点火位置、泄爆导管阻塞率等因素对二次爆炸的影响。实验结果表明:当泄爆膜静态动作压力较低且在底部点火时,泄爆火焰呈羽状,泄爆口外部的二次爆炸引起的压力峰值与一次爆炸引起的压力峰值相当;当泄爆膜静态动作压力较低但在泄爆口附近点火时,泄爆火焰呈蘑菇状,二次爆炸引起的压力峰值比一次爆炸引起的压力峰值要高；当泄爆膜静态动作压力较高时，强湍流混合条件下的反应物和产物将导致剧烈的外部爆炸和压力升高。

在粉尘泄爆压力和火焰方面，S. Schumann 等[58]在不同容积的容器中开展了一系列的玉米淀粉爆炸泄放实验，探讨了压力波在泄爆口外部的衰减规律，并利用外部最危险的二次爆炸工况拟合了预测最大泄爆火焰长度、二次爆炸中心位置、二次爆炸最大超压以及外部超压衰减规律的公式。D. Crowhurst 等[59]通过研究玉米淀粉和煤尘在不同容积的容器内爆炸泄放过程中外部超压的变化规律，对 S. Schumann 等得出的预测公式进行了验证和修正，并提出了新的泄爆火焰长度和外部超压衰减预测公式。J. Snoeys 等[60]在不同容积的容器中开展一系列的煤尘、玉米淀粉、铝粉等粉尘的爆炸泄放实验，基于实验结果对比分析了爆炸泄放标准 VDI 3673 中对二次爆炸最大超压、泄爆火焰长度、二次爆炸中心位置的预测方法的准确性，结果表明：当泄爆口径较大时，VDI 3673 对二次爆炸最大超压的预测较为精确，当泄爆口径较小时，预测值略为保守；VDI 3673 可精确预测泄爆火焰长度，但对二次爆炸中心位置的预测精度较低。

T. Forcier 等[61]建立了粉尘爆炸泄放过程中泄爆口外部压力波预测模型，但该模型未考虑泄爆口外部二次爆炸对压力波的影响，因此精度较低。T. Skjold 等[62]实验研究了粉尘爆炸泄放过程及泄爆火焰形态，但未分析泄爆口外部二次爆炸现象及二次爆炸引起的火焰尺度问题。J. Taveau[63-64]比较了爆炸泄放标准 VDI 3673 和 EN 14491 中粉尘爆炸泄放设计关系式，并定义了二次爆炸发生工况，认为泄放至容器周围的火焰及压力波容易引起二次爆炸等危害。

上述研究表明，爆炸泄放可导致容器外部的二次爆炸，泄爆火焰及压力波均会对周围环境造成安全威胁。鉴于此，研究人员又对导管泄放、无焰泄放进行了大量的研究。在导管泄放方面，B. Ponizy 等[65-66]以当量比浓度的丙烷与空气预混气体为介质，在直径为 108 mm、长度为 400 mm 的柱形容器中，实验研究了导管泄放过程中容器与泄爆导管之间的相互作用机理以及泄爆导管对容器内最大泄爆压力的影响，发现泄爆导管中的二次爆炸产生逆向脉冲（压力波），增强了容器内的扰动，导致了湍流燃烧，提高了容器内的最大泄爆压力。V. V. Molkov 等[67]在球形容器与泄爆导管之间装置一层铝箔，采用中心点火的方式对导管泄放特性进行了实验研究，发现铝箔破裂后，随破膜激波泄放至导管内的可燃气体被迅速引燃，并产生强烈的二次爆炸。二次爆炸导致压力波逆向流动，破坏了容器内的层流球面火焰，加快了容器内未燃气体燃烧速率，提高了容器内的泄爆压力。V. V. Molkov 等认为泄爆导管内的二次爆炸及其导致的压力波逆向流动是容器内压力升高的主要原因。

G. A. Lunn 等[68-69]搭建了两个不同尺寸的实验平台，采用两种不同的喷粉方法及四种不同种类的粉尘，实验研究了不同长度、不同结构的泄爆导管对容器内最大泄爆压力的影响。他们发现当泄爆导管内发生二次爆炸时，容器和泄爆导管内的压力曲线均呈现双峰结构，并且泄爆导管内的压力曲线峰值均滞后于容器内的压力曲线峰值。N. Henneton 等[70]在 B. Ponizy 等的研究基础上，使用高速摄像系统记录了通过泄爆口进入泄爆导管内的射流火焰结构，并捕捉到二次爆炸导致的压力波逆向流动对容器内未燃气体的扰动过程。他们还通过在泄爆导管内置入金属条进行吸热降温，成功避免了二次爆炸的发生。G. Ferrara 等[71-72]采用层流小火焰燃烧模型对泄爆导管内二次爆炸进行了数值模拟研究，根据模拟结果详细探讨了二次爆炸引起的机械效应、化学效应、介质惯性以及摩擦损失等对容器内超压的影响，认为泄爆导管内的二次爆炸是影响容器内超压的关键。张庆武等[73]在球形爆炸容器中研究了甲烷-空气预混气体爆炸导管泄放机制，发现导管泄放增加了容器爆炸强度，破膜激波导致导管入口处压力升高，射流火焰引燃导管入口处未燃气体引起二次爆炸。D. P. J. McCann 等[74]也对导管泄放特性进行了实验研究，发现导管会增大容器内最大泄爆压力，并且随着导管长径比的增大，容器最大泄爆压力逐渐升高。

在无焰泄放方面，美国 Fike 公司最早对该技术进行了研究，并生产了多种无焰泄放装置，其基本结构和泄放过程如图 1-1 所示。

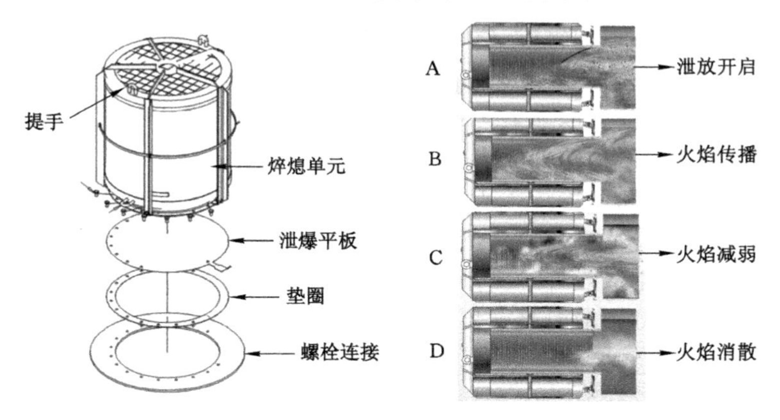

图 1-1 无焰泄放装置基本结构和泄放过程

无焰泄放装置的基本原理是当容器设备内粉尘爆炸超压达到一定值后打

开泄爆平板，火焰、燃烧和未燃的粉尘通过泄爆口进入火焰猝熄单元。大部分的粉尘留在了单元内，大部分的能量被单元内的多孔介质吸收，造成燃料的温度低于点燃温度，最后熄灭火焰，阻止火焰传播到设备外[75-76]。这种泄放技术既起到泄压的效果又能熄灭泄放过程中的射流火焰，保证泄放的安全，同时减少使用爆炸泄放管道，最小化室内爆炸泄放区域。但是，猝熄单元的存在会降低泄放效率（粉尘的滞留和能量的束缚）；抑制火焰的同时也会抑制部分压力的泄放，导致内部爆炸超压上升。

上述关于可燃气体与粉尘爆炸泄放的研究主要关注了容器内部压力的变化规律、泄放至容器外部的压力波衰减规律以及泄爆火焰结构和传播规律，初步明确了爆炸泄放导致容器外部二次爆炸机理。对比可燃气体和粉尘爆炸泄放特性可知，粉尘爆炸泄放具有同可燃气体爆炸泄放相似的特性，但是粉尘爆炸是一种耦合了湍流流动与多相态可燃介质振荡燃烧的复杂非定常过程，其爆炸泄放过程更加复杂。可燃气体的添加能够明显改变粉尘的爆炸特性，而其对粉尘爆炸泄放特性的影响还不能明确。两相体系爆炸泄放过程中容器内部的压力变化规律、外部压力波的衰减规律以及泄爆火焰的传播规律与单相粉尘和可燃气体之间的异同还需要我们进一步通过实验研究进行对比和分析。

1.2.3.2 爆炸泄放设计方法研究

爆炸泄放设计的目的是建立容器内最大泄爆压力与容器尺寸特征、介质爆炸特性、泄压面积、泄爆装置静态动作压力等参数之间的定量关系。在可燃气体爆炸泄放设计方面人们已经提出较为成熟的设计方法，而在粉尘爆炸方面迄今为止还没有较为全面、精确的泄放理论和模型来指导粉尘爆炸泄放设计。这是因为影响粉尘爆炸泄放的因素比影响可燃气体爆炸泄放的因素多，例如：可燃气体爆炸一般发生在静止条件下，而粉尘爆炸均发生在强湍流条件下；可燃气体在空间内的分布相对均匀，而粉尘在空间内分布却具有很强的随机性；测试条件对粉尘爆炸特征参数的影响要比对可燃气体爆炸特征参数的影响大得多。

在粉尘爆炸泄放设计方面，最早采用的方法叫泄放比法，该方法认为不同容积的容器在爆炸泄放时具有相同的泄放比，定义泄放比 f 为：

$$f = \frac{A_v}{V} \tag{1-7}$$

式中 A_v——泄压面积，m^2；

V——容器容积，m^3。

即通过实验获得一定容积的容器内最大泄爆压力与泄压面积的变化曲

线，然后通过泄放比相同，换算为不同容积容器内的泄压面积。但是，该方法不具有理论基础，计算精度较低，已不再使用。

随后，又有研究人员提出了泄放系数法，定义泄放系数 K_v 为：

$$K_v = \frac{A_c}{A_v} \tag{1-8}$$

式中 A_c——密闭容器的最小横截面面积，m^2；

A_v——泄压面积，m^2。

上式是由部分粉尘爆炸泄放的实验数据拟合得到的，比较依赖于实验条件和粉尘种类，适用范围有限，因此也已不再使用。后期，研究人员又依据不同类型的粉尘爆炸泄放实验结果，基于立方根定律[19,77]，提出了诺模图设计方法。该方法以粉尘爆炸指数、容器容积、最大泄爆压力、泄爆装置静态动作压力为基本参数，通过查图来确定合适的泄压面积。但是，该方法同样适用范围有限，设计精度较低，已较少使用。

目前应用最广泛的两个粉尘爆炸泄放设计标准为欧洲标准 EN 14491 和美国标准 NFPA 68。两个标准均明确提出了粉尘泄压面积计算公式，并标明了公式的适用范围和注意事项。虽然两个标准中的计算公式均由大量的实验数据拟合得到，但两种计算方法却完全不同。因此，这两种计算方法被提出后，研究人员对其适用范围内的预测结果与实验结果或数值模拟结果进行了大量的对比与验证。J. Telmo Miranda 等[78]通过实验对比发现相同条件下采用 EN 14491 计算得到的泄压面积大于 NFPA 68 计算得到的值，且基于两种标准计算得到的面积差值随着容器长径比的增大以及最大泄爆压力的降低而增大。由此，他们确定基于 NFPA 68 进行泄放设计将具有更高的经济实用性。对比结果还表明，对于小体积容器 EN 14491 具有更好的适用性，而对于大体积容器（V>1 000 m^3）NFPA 68 的适用性更好。A. Tascón 等[79]从相似的角度分析了 EN 14491 和 NFPA 68 对于一种工业用筒仓爆炸泄放设计的适用性。结果表明，基于 NFPA 68 计算得到的泄压面积小于 EN 14491 计算得到的值，且基于两种标准计算得到的面积差值随着容器长径比的增大以及最大泄爆压力的降低而增大。在工业应用过程中，基于 NFPA 68 进行泄放设计花费更低，具有更高的经济适用性。A. Tascón 等[80]还通过数值模拟的方法对比分析了 EN 14491 和 NFPA 68 计算结果的区别，发现当最大泄爆压力较低时，EN 14491 预测的结果比数值模拟结果和 NFPA 68 预测的结果都要大很多。

由于粉尘的存在，影响两相体系爆炸泄放设计的因素同样较多，在进行两相体系爆炸泄放设计时人们往往采用与粉尘爆炸泄放设计相同的方法。在应用最为广泛的两个粉尘爆炸泄放设计标准 EN 14491 和 NFPA 68 中均对两相体系爆炸泄放设计做了明确说明。

EN 14491 规定，当两相体系中可燃气体或溶剂蒸气的体积分数小于或等于其爆炸下限的 20%或者粉尘中可燃溶剂的质量分数小于或等于 0.5%时，该两相体系的爆炸泄放按照粉尘爆炸泄放进行设计，计算泄压面积时采用粉尘爆炸特征参数进行计算。当两相体系中可燃气体或溶剂蒸气的体积分数大于其爆炸下限的 20%或者粉尘中可燃溶剂的质量分数大于 0.5%时，两相体系爆炸泄放同样采用粉尘爆炸泄放进行设计，但计算泄压面积时两相体系的爆炸特征参数要依照粉尘爆炸危险等级和可燃气体爆炸特性进行选取。当两相体系中粉尘爆炸危险等级为 St1 或 St2 且可燃气体或溶剂蒸气的爆炸特性和丙烷相似时，两相体系的最大爆炸压力和爆炸指数需采用规定值，分别为 1 MPa 和 50 MPa · m/s；当粉尘爆炸危险等级为 St3（K_{St}>30 MPa · m/s）时，设计方法需咨询相关专家；而对于一些特殊的两相体系，在进行爆炸泄放设计时需要对其爆炸特性进行测定评估后才能进行。

NFPA 68 规定，当两相体系中可燃气体的体积分数小于或等于其爆炸下限的 10%，则该两相体系按照粉尘对待，其爆炸泄放设计按照粉尘爆炸泄放进行设计。当两相体系中可燃气体的体积分数大于其爆炸下限的 10%时，两相体系的爆炸泄放设计仍按照粉尘爆炸泄放进行设计，但其基本爆炸特征参数需经过实验测试得到。而对于爆炸特征参数无法通过实验测得的两相体系，其爆炸特征参数可结合两相体系中的可燃气体和粉尘组分来确定。当两相体系中的可燃气体燃烧速率小于或等于丙烷的 1.3 倍且粉尘爆炸危险等级为 St1 和 St2 时，规定其最大爆炸压力为 1 MPa、爆炸指数为 50 MPa · m/s。该标准未对危险等级为 St3 的两相体系爆炸泄放设计进行说明。

1.2.4 研究现状总结

1.2.4.1 爆炸感度参数和爆炸强度参数研究现状总结

上述研究现状表明关于两相体系爆炸感度和强度参数的研究基本处于定性阶段。根据研究内容和结果，可以总结得到以下几条具有普适性的定性结论：

(1) 低于爆炸下限的可燃气体与低于最小爆炸浓度的粉尘混合后仍然具有爆炸危险性；

(2) 可燃气体的添加能够降低粉尘最小爆炸浓度、最低着火温度和最小点火能量，反之亦然；

(3) 可燃气体的添加能够提升粉尘爆炸强度。

总体而言，可以确定两相体系比单相粉尘更具爆炸危险性和危害性。因此，在工业生产过程中，对于含有两相体系潜在可能性的场所或容器，应提高爆炸防护等级，设计和实施更具针对性的爆炸防护措施。

然而，防护措施的设计和实施常常需要以具体的两相体系爆炸特征参数为依据。但是，两相体系爆炸特征参数常常受可燃气体和粉尘浓度配比影响，对不同浓度配比的两相体系爆炸特征参数进行测量的工作量巨大，这就决定了我们需要掌握两相体系爆炸特征参数变化规律以及两相体系与单相可燃气体和粉尘爆炸特征参数之间的区别和联系，以期预测两相体系爆炸特征参数。

在爆炸感度参数方面，虽然已有学者根据实验数据提出了多个经验或半经验预测公式，但是这些预测公式的结果差异较大、适用范围有限，在可靠性和适用性上还有待深入验证。

在爆炸强度参数方面，还未有学者提出具有一定适用性的两相体系爆炸强度参数预测方法，且已有的研究也仅关注于可燃气体对某一浓度或某几个浓度粉尘的爆炸压力和爆炸压力上升速率的影响，实验选用的可燃气体和粉尘浓度范围有限，实验结果不能全面反映两相体系爆炸强度参数变化规律。此外，由于实验方法、测试手段以及研究对象等因素的差别，不同学者在某些结论上还存在较大分歧。例如：有学者认为两相体系爆炸强度既高于单相粉尘爆炸强度又高于单相可燃气体爆炸强度[3,32,35]，但也有学者认为三种体系中单相可燃气体爆炸强度最高[4,13]；有学者将粉尘爆炸强度的提升归因于可燃气体混入后两相体系燃烧动能的提升[3]，但也有学者认为较强的初始湍流引起两相体系中可燃气体燃烧速率的快速提升，进而导致两相体系爆炸强度的增加[4]。

此外，爆炸特征参数受到测试条件如装置体积、点火能量、初始温度及压力、湍流程度等因素的影响很大。而在已开展的实验研究中，很多并未对可燃气体、粉尘和两相体系构建相同的初始测试条件，特别是可燃气体爆炸极限多数为静态条件下的测量结果，而粉尘及两相体系爆炸极限均是在强湍流条件下测量得到的。使用不同测试条件下获得的可燃气体、粉尘以及两相体系爆炸感度参数来构建这些参数之间的关系并不科学，也无法准确反映其内在的规律特征。因此，创建相同初始条件，基于相同测试装置，采用不同种类、不同物化性质的可燃气体和粉尘，进一步深入分析和探讨两相体系爆炸特性及机理是十分必要的。

1.2.4.2 爆炸泄放特性研究现状总结

相比于单相可燃气体或粉尘爆炸泄放，两相体系爆炸泄放过程更为复杂，是一种非定常流动过程。而关于两相体系爆炸泄放特性的研究相对匮乏，两相体系爆炸泄放过程中容器内部的压力变化规律、外部压力波的衰减规律及泄爆火焰的传播规律,以及两相体系与单相粉尘和气体爆炸泄放特性之间的异同还需要进一步通过实验研究进行对比和分析。虽然相关标准中已对两相体系爆炸泄放设计做了一些说明,但是由于两相体系特殊的爆炸特性,现有的标准对其爆炸泄放设计的适用性以及哪种标准适用性更佳仍需进一步去验证。

1.3 研究内容

基于上述研究现状,本书拟对以下几个方面进行研究:

(1) 两相体系爆炸下限研究。基于 20 L 球形爆炸容器,构建相同初始实验条件,选取多种不同种类、不同性质的可燃气体和粉尘作为爆炸介质,通过系统地改变两相体系组分、可燃气体和粉尘浓度等参数,对可燃气体、粉尘和两相体系爆炸下限进行实验测量。基于实验结果,分析和讨论两相体系爆炸下限变化规律,对比分析可燃气体、粉尘和两相体系爆炸下限之间的区别和联系,并对已有的两相体系爆炸下限预测模型进行验证分析,讨论其准确性和适用性。结合已有模型和实验结果构建新的两相体系爆炸下限预测模型。

(2) 两相体系爆炸强度参数研究。在相同初始实验条件下和较高浓度范围内对多种不同种类、不同性质的可燃气体、粉尘以及由它们构成的两相体系的爆炸压力、爆炸压力上升速率、爆炸指数等参数进行测试。基于实验结果,分析和讨论两相体系爆炸强度参数变化规律,对比分析可燃气体、粉尘和两相体系爆炸强度参数之间的区别和联系,探讨单相介质对两相体系爆炸强度参数影响的差异性,讨论可燃气体、粉尘和两相体系爆炸强度之间的大小关系。结合两相体系爆炸强度参数变化规律,建立两相体系爆炸强度参数预测模型。

(3) 两相体系爆炸泄放特性实验研究。基于 20 L 球形爆炸容器,采用高频压力采集系统、高速摄像系统和同步控制系统等实验测试手段,通过改变泄压面积、泄爆装置静态动作压力等参数,实验研究不同浓度配比下两相体系爆炸泄放过程中泄爆压力变化规律,结合燃烧学、气体动力学、射流理论、反应动力学等知识,着重分析气粉两相体系泄爆火焰结构变化规律,讨论泄爆压力与火焰的耦合机理,对比分析可燃气体、粉尘和两相体系泄爆压力、火焰等特征参数之间的区别和联系。

(4) 已有标准对两相体系爆炸泄放设计的适用性分析。结合前期实验获得的两相体系爆炸压力、爆炸指数、泄爆压力等参数,对最为常用的两个粉尘爆炸泄放设计标准 EN 14491 和 NFPA 68 在指导两相体系爆炸泄放设计时的适用性进行分析，对比分析 EN 14491 和 NFPA 68 在指导两相体系爆炸泄放设计时的优缺点，并提出优化方案。

1.4 本书技术路线

本书拟采用实验与理论分析相结合的手段开展研究，其中实验研究为主，理论分析为辅。结合研究背景和工业背景，本书选用甲烷、乙烯两种可燃气体和石松子、聚乙烯两种粉尘作为爆炸介质进行实验研究，基于 20 L 球形爆炸容器开展爆炸特征参数测量和爆炸泄放特性测试，采用高频压力采集系统、高速摄像系统和同步控制系统等一系列的先进的测量手段实现特征参数的采集，最后结合燃烧学、气体动力学、射流理论、反应动力学等理论知识对实验结果进行分析和总结。本书第 2 章介绍了实验装置和实验材料；第 3 章研究了气粉两相体系爆炸下限变化规律；第 4 章分析了两相体系爆炸强度参数变化规律；第 5 章根据爆炸强度参数变化规律，探讨了两相体系爆炸泄放特性，并就已有标准对两相体系爆炸泄放设计的适用性进行了分析和讨论，进一步提出相应的改进方法。本书的技术路线如图 1-2 所示。

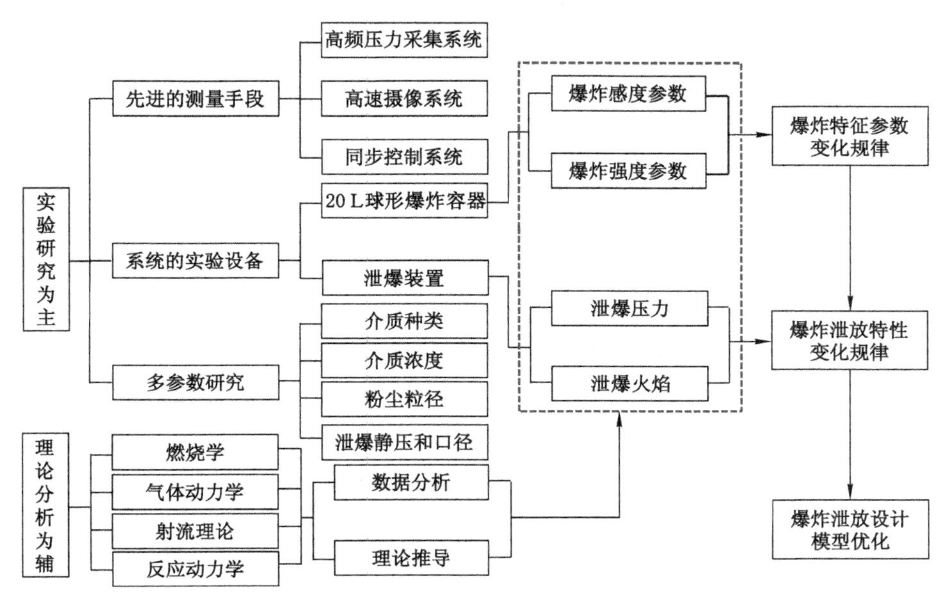

图 1-2 本书技术路线

2 实验平台搭建及实验材料介绍

研究两相体系爆炸及泄放特性，需以切实可行的实验装置为基础。因此，笔者设计并搭建了一套能实现相同初始条件下可燃气体、粉尘和两相体系爆炸及泄放特性研究的实验系统。本章首先介绍实验系统原理及结构，然后讨论实验使用的爆炸介质种类和选取依据，最后对爆炸介质的物化特性进行分析。

2.1 实验平台搭建过程需解决的问题

2.1.1 容器体积的确定

常用的粉尘爆炸特征参数测量装置主要有 1.2 L 柱形爆炸容器、20 L 球形爆炸容器和 1 m^3 柱形爆炸容器三种类型，其中 20 L 球形爆炸容器是应用最为广泛且认可度最高的粉尘爆炸特征参数测试装置。它不仅可以用于粉尘爆炸特征参数的测试，还可以用来测量可燃气体和液体蒸气等介质的爆炸特征参数。因此，本书拟采用 20 L 球形爆炸容器对可燃气体、粉尘和两相体系爆炸特征参数变化规律进行实验研究。

2.1.2 特征参数测量时的初始湍流条件设置

初始湍流是影响可燃气体和粉尘爆炸特性的重要因素，因此在进行可燃气体和粉尘爆炸特征参数测量时，现有标准对初始湍流条件均有明确规定：

◇ 可燃气体爆炸特征参数需在静止条件下测量（BS EN 15967 中有详细规定）。

◇ 粉尘爆炸特征参数测量需要在湍流条件中开展（粉尘必须在一定湍流条件下才能形成粉尘云）。

还未有标准或规范对气粉两相体系爆炸特征参数的初始湍流条件作出规定，但由于粉尘必须经过扬尘形成粉尘云这一过程的存在，因此在测量两相体系爆炸特征参数时，应参照粉尘爆炸测试标准，即在初始强湍流条件下进行。

由于上述初始湍流条件并不相同，因此在开展两相体系爆炸特征参数测量研究时存在如下问题：采用初始条件为动态强湍流测量得到的两相体系爆炸特征参数，当与初始条件为静态测量得到的单相可燃气体爆炸特征参数关联时，能否真正具有内在规律性？是否具有科学性？

笔者认为，由于测量两相体系爆炸特征参数时可燃气体呈现强湍流状态，若在测量单相可燃气体爆炸特征参数时依据现有标准规定的静态测量数值，无法真正表达内在规律性，更无法获得两相体系爆炸特征参数与单相体系爆炸特征参数之间的量化关系。只有在相同初始强湍流条件下测量两相体系、可燃气体、粉尘的爆炸特征参数，才能够科学构建其量化关系。

基于此，本书拟在 20 L 球形爆炸容器中开展可燃气体、粉尘和两相体系爆炸特征参数测量研究，且三种体系均采用与粉尘相同的初始湍流条件，而湍流强度则通过点火延迟时间控制。一般情况下，湍流强度可以通过计算热线风速仪测得的气流脉动速度均方根与平均速度的比值得到，但是粉尘的存在给热线风速仪的准确测量带来困难，因此标准中常采用喷粉后的点火延迟时间表征容器的粉尘云的湍流强度。点火延迟时间越长，湍流强度越低。

2.1.3 爆炸泄放的实现

密闭容器内两相体系爆炸特性是研究两相体系爆炸泄放特性的基础。因此使用 20 L 球形爆炸容器开展两相体系爆炸泄放特性研究，可以构建与密闭容器相同测试条件下的爆炸泄放数据，便于实验结果的分析和总结。因此，本书拟以 20 L 球形爆炸容器为基础，通过在球体壁面开设泄爆口实现爆炸泄放功能，用来开展不同静态动作压力、不同泄爆口径下的爆炸泄放实验。在开展爆炸特征参数测量时，只需要采用盲法兰将泄爆口封闭即可。

2.2 实验平台流程及结构

基于本书研究内容和上述问题，设计并搭建的两相体系爆炸及泄放特性实验平台流程及实物图分别如图 2-1 和图 2-2 所示。该平台主要由爆炸容器、扬尘系统、点火装置、泄爆装置、高速摄像系统和控制及数据采集系统等部分组成。

2.2.1 爆炸容器

爆炸容器为 20 L 不锈钢双层夹套球形容器，符合 ASTM E1226（以下简称“E1226”）和《粉尘云最大爆炸压力和最大压力上升速率测定方法》

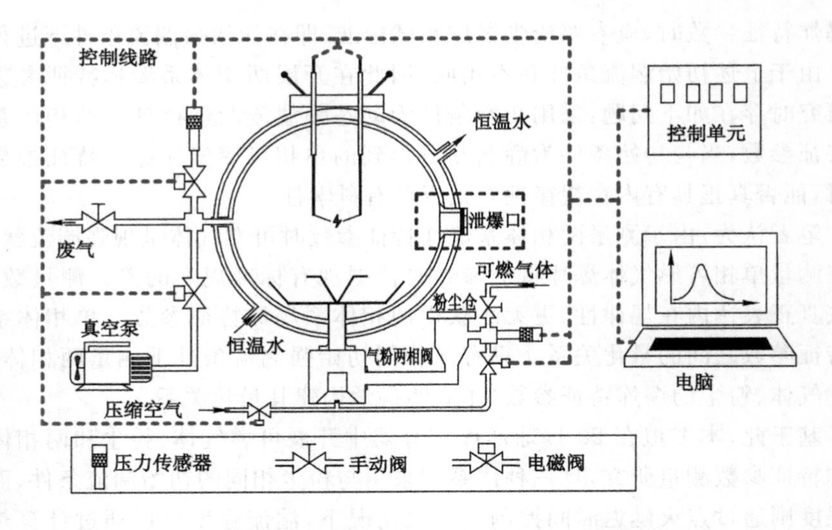

图 2-1 两相体系爆炸及泄放特性实验平台流程图

图 2-2 两相体系爆炸及泄放特性实验平台实物图

(GB/T 16426—1996)等标准的要求。夹层内可充入恒温水或油以保持容器内部温度恒定,防止多次实验产生的残余热量改变容器初始温度,进而对实验结果造成影响。容器顶端为可拆卸法兰,用于安装点火电极;底部为气粉两相阀,分别与分散阀和粉尘仓相连;正面中心设有可视化窗口,用于观察容器内介质爆炸情况;背面中心安装主压力传感器,用于采集容器内动态爆炸压力;

左侧面中心设有四通接口，分别与副压力传感器、真空泵和排气阀相连，其中副压力传感器用于监测爆炸前容器内压力，真空泵用于喷粉前将容器内抽至一定真空度，进而保证喷粉后容器内处于常压环境，排气阀用于排放爆炸发生后容器内燃烧产生的废气。

2.2.2　扬尘系统

本实验平台所采用的扬尘系统主要由粉尘仓、气粉两相阀和分散阀三部分组成。其中：粉尘仓容积为 0.6 L，分别与高压气瓶和压力传感器（用于监测粉尘仓仓体内气体压力）相连；气粉两相阀为高速响应阀，可实现快速启闭，在极短时间内将粉尘仓内的高压气体、粉尘混合物全部喷入球形容器内；分散阀结构如图 2-3 所示，高压气流携带粉尘通过该分散阀后，可均匀地将粉尘分散至容器内。

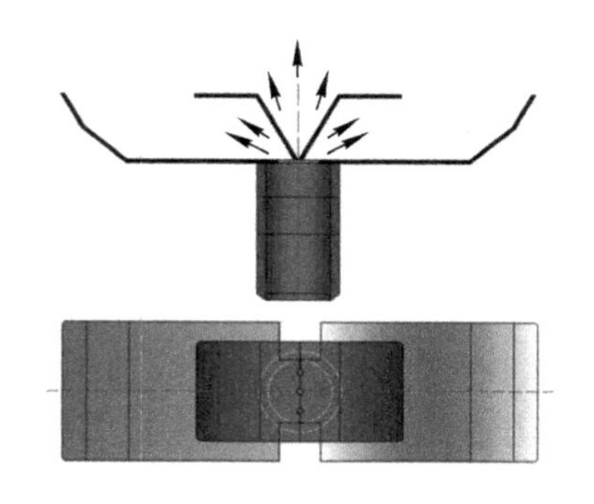

图 2-3　分散阀结构示意图

获取均匀混合的可燃气体和粉尘的两相体系是开展两相体系爆炸特性研究的基础。在已有的研究中，研究人员常预先向爆炸容器中充入一定量的可燃气体，然后与喷入的粉尘进行混合，获取两相体系[4]。但是，通过实验验证发现该方法得到的数据较为离散、不稳定。基于此，本书拟采用预混气体扬尘的方式配置气粉两相体系，即采用道尔顿分压法在粉尘仓中配置可燃气体，实现可燃气体、压缩空气与粉尘在粉尘仓中的初次混合。气粉两相阀开启后，粉尘仓内的高压预混气体携带粉尘通过气粉两相阀，在气粉两相阀的通道内实现了可燃气体、空气与粉尘的二次混合；进入球形容器后，在分散阀的作用下均匀地分散至容器中，实现了可燃气体、空气与粉尘的第三次混合。多次混合作用下，将更有利于获取均匀分布的两相体系。通过实验验证发现该方法得到的数据更加稳定、可靠。

具体方法如下：实验开始后，首先向粉尘仓中充入可燃气体至压力 p_1，然后将容器抽真空至压力 p_2，并向粉尘仓中充入压缩空气至压力 p_3，则喷粉后容器内可燃气体的浓度可根据下式进行计算。

$$\frac{(p_0 - p_2)}{p_0} \times \frac{(p_1 - p_0)}{p_3} = y \times 100\% \tag{2-1}$$

式中 p_0——大气压力，0.101 3 MPa；

p_1——粉尘仓中可燃气体压力；

p_2——喷粉前容器内压力；

p_3——喷粉前粉尘仓内压力；

y——喷粉后容器内可燃气体浓度；

以上压力值均为绝对压力值。

在开展单相可燃气体爆炸特征参数测试时，采用相同的方法在粉尘仓中配置可燃气体，但粉尘仓中不放置粉尘。为了实现三种体系具有相同的初始湍流条件，实验时均采用相同的点火延迟时间。根据标准要求，点火延迟时间取 60 ms。

2.2.3 点火装置

E1226 和 GB/T 16426—1996 等标准均推荐 20 L 球形爆炸容器采用 10 kJ 化学点火头进行粉尘爆炸特征参数测试，但已有研究表明，20 L 球形爆炸容器相对较小，若采用 10 kJ 化学点火头将引起“过驱效应”[81-83]，导致实验测得的粉尘爆炸压力和爆炸压力上升速率值过高。并且已有的关于两相体系爆炸特性的研究表明，10 kJ 的化学点火头引起的压力效应将在一定程度上掩盖两相体系爆炸压力的变化规律[13]，导致可燃气体引起的粉尘爆炸压力的提升无法被捕捉。此外，本书主要讨论两相体系爆炸特征参数变化规律并对比分析可燃气体、粉尘与两相体系爆炸特征参数之间的区别和联系，即本书还将对可燃气体爆炸特征参数进行测试，而在《空气中可燃气体爆炸指数测定方法》(GB/T 803—2008)、《空气中可燃气体爆炸极限测定方法》(GB/T 12474—2008)以及 BS EN 15967 等标准中均规定可燃气体爆炸特征参数测试点火能量为 10 J 左右。因此，为了确保在相同的条件下测试可燃气体、粉尘和两相体系爆炸特征参数，化学点火头能量应处于 10 J～10 kJ 范围之内。通过查阅文献可知，研究人员在进行两相体系爆炸特征参数研究时，所采用的点火装置的点火能量普遍偏小，最大为 2.5 kJ，最小为 10 J，如表 2-1 所列。

表 2-1 文献中两相体系爆炸特征参数测试时所采用的点火装置及能量

文献题目	点火装置
Dust/gas mixtures explosion regimes[13]	电火花（15 kV,30 mA）
Explosibility of hydrogen-graphite dust hybrid mixtures[35]	电火花
Explosibility of cork dust in methane/air mixtures[32]	化学点火头（2.5 kJ）
Explosion of lycopodium-nicotinic acid-methane complex hybrid mixtures[39]	电火花 （15 kV,30 mA）
Lower explosion limit of hybrid mixtures of burnable gas and dust[20]	电火花（10 J）
Explosion of carbon black and propane hybrid mixtures[15]	化学点火头（1 kJ）

综合以上因素，本书拟采用点火能量为 0.5 kJ 的化学点火具作为点火头，其主要成分为锆粉 40%、过氧化钡 30%和硝酸钡 30%。经实验测定，化学点火头引起的压力峰值约为 0.008 MPa，该压力峰值相对较小，在很大程度上避免了化学点火头对两相体系爆炸压力变化规律的影响，并且该点火头在实验过程中能够实现可燃气体、粉尘以及两相体系的稳定点火。

2.2.4 泄爆装置

由于本书主要研究两相体系爆炸无管泄放特性，结合相关泄放研究[52-53]以及课题组前期研究基础[84-86]，拟采用聚四氟乙烯膜作为泄爆膜，单层厚度约为 0.06 mm。泄爆装置主要由聚四氟乙烯膜和带孔法兰盘组成，如图 2-4 所示。带孔法兰盘通过螺栓与泄爆口相连，聚四氟乙烯膜夹在泄爆口与带孔法兰盘中间，通过改变带孔法兰盘的孔径来改变泄压面积。本书选用了 28 mm、40 mm 和 60 mm 三种孔径的带孔法兰盘，通过改变泄爆膜层数来改变静态动作压力，实验选用的带孔法兰盘和聚四氟乙烯膜如图 2-5 所示。

(a) 带孔法兰盘安装前

(b) 带孔法兰盘安装后

图 2-4 泄爆装置示意图

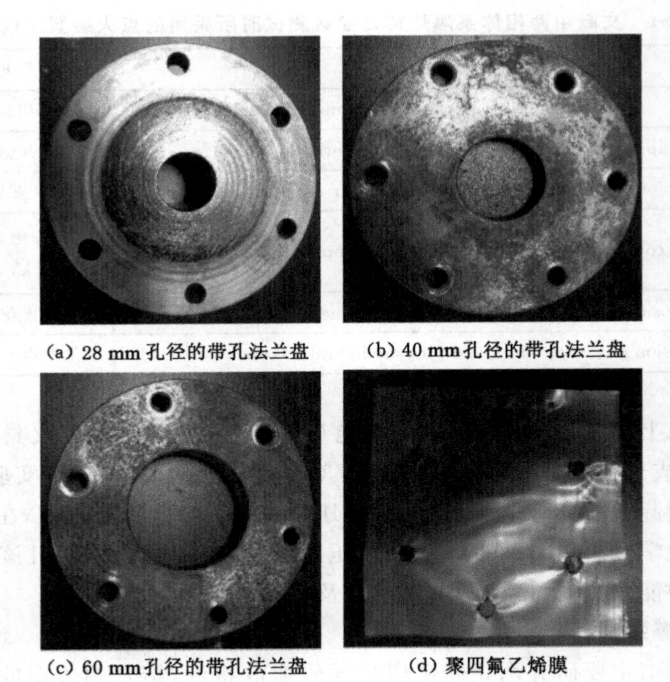

(a) 28 mm 孔径的带孔法兰盘　(b) 40 mm孔径的带孔法兰盘

(c) 60 mm孔径的带孔法兰盘　(d) 聚四氟乙烯膜

图 2-5　带孔法兰盘和聚四氟乙烯膜

2.2.5　高速摄像系统

为了捕捉泄爆火焰结构，实验使用 FASTCAM SA4 高速摄像机(图 2-6)拍摄记录泄爆火焰传播过程。FASTCAM SA4 高速摄像机的拍摄速度为全帧 1 024×1 024 像素下 3 600 fps、分段时最高 500 000 fps，高速快门最快可达 1 μs。通过 PLC 自动控制系统，自动触发、启动高速摄像系统，实现点火和高速摄像的同步进行。实验以 2 000 fps 的速度对泄爆火焰进行拍摄，图片自动保存至电脑。通过分析泄爆火焰图片，可准确获取泄爆火焰结构、长度、亮度等参数。

2.2.6　控制及数据采集系统

为了精确测量两相体系爆炸特征参数、配置两相体系浓度，实验采用德国恩德斯豪斯 PMC131 型高频压力传感器对爆炸压力及配气压力进行采集和监测。主压力传感器、副压力传感器和粉尘仓压力传感器的参数如表 2-2 所列。

图 2-6 高速摄像机

表 2-2 实验所用压力传感器的参数

参数	高频压力传感器		
	主压力	副压力	粉尘仓
型号	PMC131	PMC131	PMC131
量程	0～2 MPa	－0.1～2.0 MPa	－0.1～4.0 MPa
最大值	3 MPa	3 MPa	6 MPa
采集频率	5 kHz	5 kHz	5 kHz
精度等级	0.25	0.25	0.25

基于安全方面的考虑，本实验装置设置了 PLC 自动控制系统，可实现抽真空、粉尘仓充压、气粉两相阀动作、化学点火头点火、爆炸压力数据采集及保存等步骤的全自动运行。数据采集软件采用 Visual Basic 6.0 编写，该软件具有人机交互功能，可在电脑中设置实验参数，实验过程一键完成。

2.3 实验材料的选取及物性分析

2.3.1 材料的选取依据

调查发现，两相体系最常形成于有机粉尘环境中，如煤矿中的煤尘和瓦斯、药品加工企业中的药粉和溶剂蒸气、塑制品加工企业中的塑料粉末和分解气、印刷企业中的颜料和稀释剂挥发分以及食品加工企业中的面粉和发酵气体等，均为有机粉尘与可燃气体的两相体系。这是因为有机粉尘在形成和使用过程中常伴随着有机溶剂的使用，而且有机粉尘更容易分解或发酵产生可燃气体。在已有的关于两相体系爆炸特性的研究中，研究对象也多集中于含有有机粉尘的两相体系。因此，本书选用有机粉尘作为研究对象，对两相体系爆炸特征参数变化规律和泄放特性进行研究，以期获取更具普适性的两相体系爆炸及泄放特性变化规律。

结合课题组前期研究基础，本书首先选用了石松子作为研究对象。石松子为石松科植物的孢子。干燥的石松子粉尘颗粒微细而疏松，呈淡黄色粉末状，如图 2-7 所示。作为植物性有机粉尘，它具有和玉米或小麦淀粉、糖、奶粉等常见粉尘相似的化学元素组成。本书使用的石松子粉尘的化学元素组成如表 2-3 所列，由表可知，石松子粉尘的主要组成化学元素为碳、氢、氧，另含有少量的氮、硫和其他杂质。

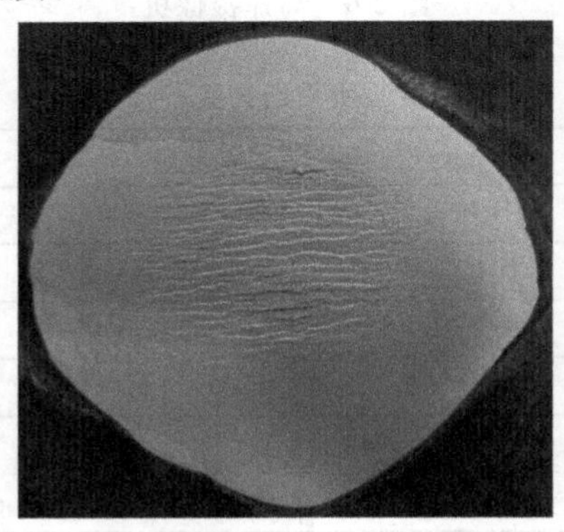

图 2-7　石松子粉尘

表 2-3　石松子粉尘的化学元素组成

元素	C	H	O	N	S	杂质
质量分数/%	69.2	9.2	19.6	1.1	0.1	0.8

但是，由于石松子粉尘特殊的组成结构，它比玉米或小麦淀粉、糖和奶粉等粉尘具有更好的流动性和分散性。因此其爆炸性能稳定、规律性强，常被E1226、EN 14034 等标准用作标定粉尘。在关于粉尘爆炸特征参数、火焰传播特性的研究中，石松子粉尘也是最为常见的研究对象[87-91]。选用石松子粉尘作为研究对象，其较为稳定的爆炸特性将有利于分析和总结两相体系爆炸特征参数变化规律和泄放特性，并且大量的关于石松子粉尘爆炸特性的研究

文献也可作为参考和对比，对本书实验结果的准确性和合理性进行验证。

其次，本书又选取了聚乙烯粉尘作为研究对象。聚乙烯是由乙烯聚合而成的一种高分子化合物，无嗅、无毒，热熔性和成型加工性能较好，具有较强的柔韧性和抗冲击性能。它作为典型的聚烯烃材料之一，在工业中的应用极为广泛，如常见的保鲜膜、塑料袋、奶瓶和水壶等。聚乙烯粉尘颗粒呈乳白色粉末状，如图 2-8 所示。

图 2-8 聚乙烯粉尘

在聚烯烃生产和储运过程中常发生料仓闪爆事故，造成严重的设备损坏和人员伤亡[92]。调查显示，在聚烯烃颗粒合成过程中，常有少量的甲烷、乙烯、丙烯、氢气等可燃气体析出，并在储运的过程中随聚合颗粒进入料仓，这些可燃气体组分在料仓内从聚合颗粒中不断逸出，导致料仓中可燃气体积聚的可能。因此，多数聚烯烃粉尘爆炸事故是烷烃、烯烃等可燃气体和聚烯烃粉尘共同作用的结果。本书选取聚乙烯粉尘作为研究对象，主要看重其较强的工业背景，研究结果可为聚烯烃加工行业的安全防护提供较为直接的参考和指导。

在可燃气体方面，本书选取了甲烷和乙烯作为研究对象。选择甲烷是因为它是工业生产和生活中应用最为普遍也最为常见的可燃气体。天然气、有机物发酵气体(如沼气)以及瓦斯等气体的主要成分都是甲烷。因此，它最容易与粉尘形成两相体系。对含有甲烷的两相体系爆炸特性进行研究，结果更具普适性。乙烯是基于聚乙烯粉尘进行选取的，具有较为针对性的工业背景。此外，乙烯具有比甲烷更高的化学活性，采用不同活性的可燃气体进行研究，更有利于实验结果的分析和总结。

2.3.2 粉尘粒径和结构

实验采用马尔文激光粒度分析仪 MS-2000 测量粉尘粒子的粒径分布特性，该仪器可测量的粒径范围为 0.02～2 000.00 μm，扫描速度为 1 000 次/s。测量时，通过超声波振荡，将粉尘样品溶解于适量的去离子水中，配置成合适浓度的溶液。用激光照射样品溶液，根据多元检测器检测激光被发散成的不同角度，读出有效的发散角，再将这些数学信号通过光学系统和数学模型转换成待测颗粒体积占总体积比例的形式并输出。图 2-9 和图 2-10 分别为石松子和聚乙烯粉尘经马尔文激光粒度分析仪测得的粒径分布图。

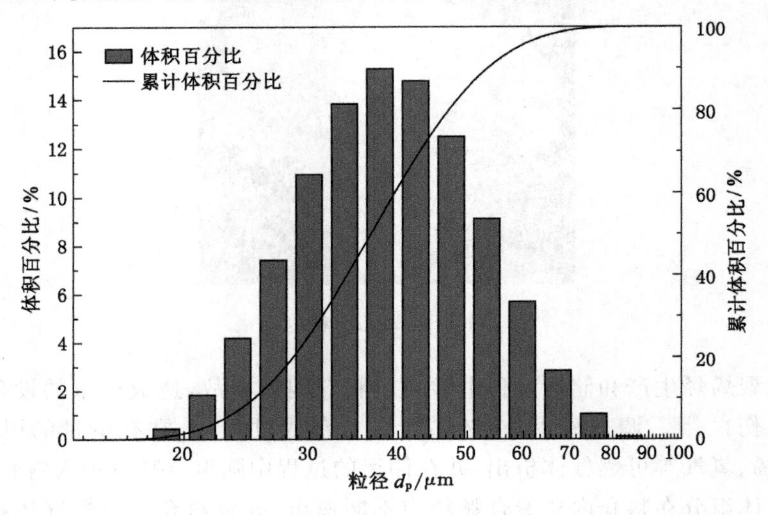

图 2-9　石松子粉尘粒径分布

由图 2-9 可知，本书使用的石松子粉尘粒径呈正态分布，粒径分布区间为 17.0～90.0 μm，粒径分布相对集中。其中，粒径为 36.6～39.4 μm 的粉尘颗粒所占体积百分比最大，超过了 15%。累计体积百分比为 50%的粉尘颗粒的粒径小于 37.2 μm，累计体积百分比为 90%的粉尘颗粒的粒径小于 54.0 μm。中位粒径为 38.7 μm。

由图 2-10 可知，聚乙烯粉尘的粒径分布区间为 0.3～448.0 μm，区间跨度较大，但粒径的主要分布区间为 10.0～60.0 μm。较小粒径和较大粒径的粉尘颗粒所占体积百分比较小，粒径为 20.0～23.0 μm 的粉尘颗粒所占体积百分比最高，累计体积百分比达 90%的粉尘颗粒的粒径小于 60.9 μm。中位粒径为 19.2 μm。

实验采用 QUANTA 450 钨灯丝扫描电镜观测了石松子和聚乙烯粉尘在

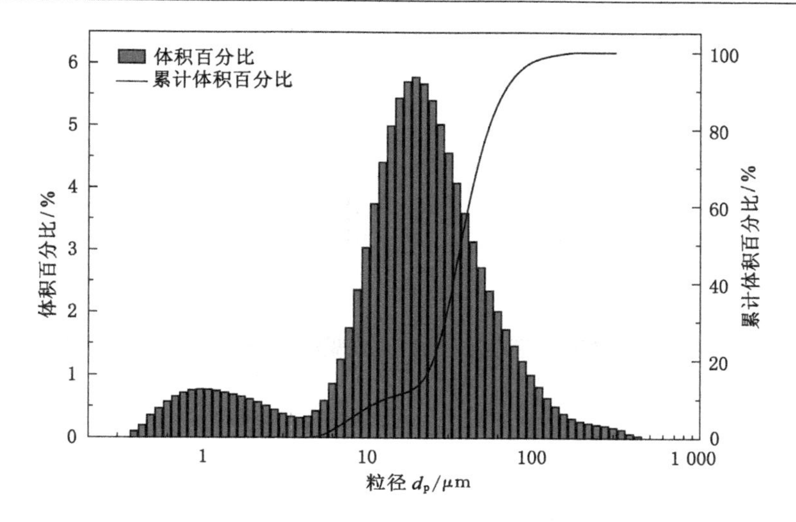

图 2-10 聚乙烯粉尘粒径分布

高倍数显微镜下的结构特征，如图 2-11 和图 2-12 所示。

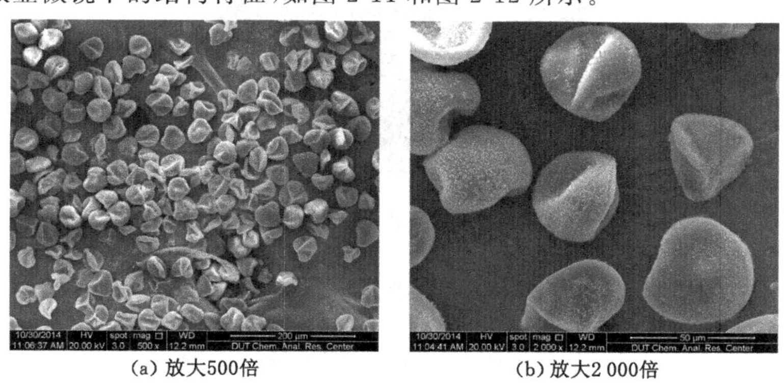

(a) 放大500倍 (b) 放大2 000倍

图 2-11 石松子粉尘扫描电镜图

由图 2-11 可知，实验使用的石松子粉尘颗粒整体形状不规则，表面结构致密，呈现明显的褶皱和塌陷结构，该结构与文献中常见的蜂窝状球形结构(图 2-13)不同，这可能和石松子的种类有关。石松子为石松科植物的孢子，具有多种不同的种类(石松、玉柏石松、高山扁石松、单穗石松等)，不同种类的石松可能导致不同的石松子粉尘颗粒结构。

虽然颗粒的表观结构有所不同，但经实验测量，本书使用的石松子粉尘爆炸特征参数和文献中相当，如表 2-4 所列。因此，本书中所有关于石松子粉尘

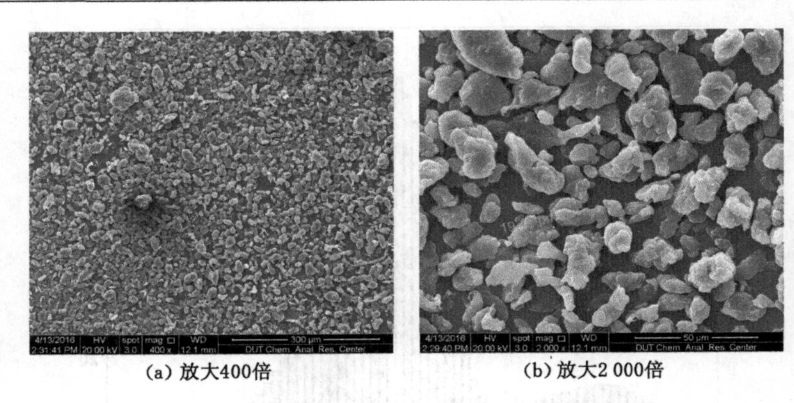

(a) 放大400倍　　(b) 放大2 000倍

图 2-12　聚乙烯粉尘扫描电镜图

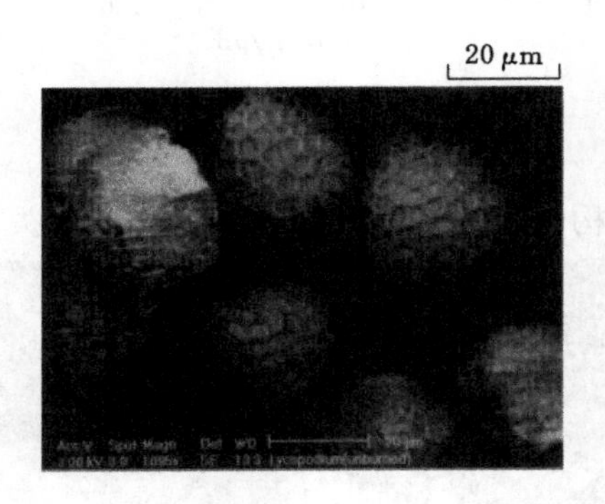

图 2-13　文献中石松子粉尘颗粒结构[87]

的实验均使用图 2-7 所示的石松子粉尘。

表 2-4　本书实验测量的石松子粉尘爆炸特征参数值与文献值对比

装置	中位粒径/μm	点火能量/kJ	最大爆炸压力/MPa	最大爆炸压力上升速率/(MPa/s)	数据来源
20 L 球形爆炸容器	63.0～75.0	10.0	0.74	51.10	Y. F. Khalil[90]
20 L 球形爆炸容器	28.0	10.0	0.70	55.50	标准 E1226
20 L 球形爆炸容器	35.0	10.0	0.67	47.50	M. Silvestrini 等[91]
20 L 球形爆炸容器	38.7	0.5	0.63	38.12	本书实验测量

由图 2-13 可知，实验使用的聚乙烯粉尘整体呈屑片状结构，表面粗糙，大小分布不均。粉尘颗粒间相互叠加，并有局部团聚、结块现象，整体分散性较

差，如图 2-8 所示。粉尘颗粒的团聚、结块效应将严重影响粉尘的爆炸特性。

2.3.3 粉尘热特性

使用 TGA/SDTA851 热重分析仪，采用非等温热重法对实验使用的石松子和聚乙烯粉尘进行了热重分析。测试在空气环境中进行，升温速率为 10 ℃/min，升温范围取室温至 800 ℃。实验测得石松子和聚乙烯粉尘热重曲线如图 2-14 和图 2-15 所示。

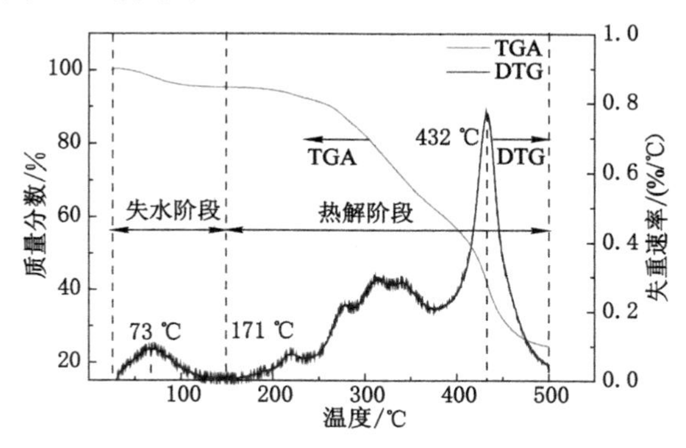

图 2-14 石松子粉尘热重曲线

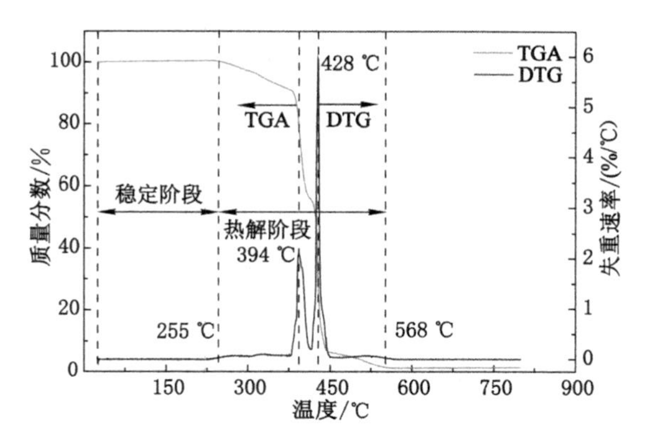

图 2-15 聚乙烯粉尘热重曲线

由图 2-14 可知，在 10 ℃/min 的升温速率下，石松子粉尘受热失重过程可以分为两个阶段。其中，第一阶段为加热开始至 171 ℃，此阶段的质量损失主要是由粉尘颗粒中的水分蒸发引起，称为失水阶段。加热至 45 ℃，粉尘质量开始减小，对应的 TGA（热重分析）曲线开始下降，失重速率逐渐增大，对应的 DTG（微商热重分析）曲线在 73 ℃达到峰值；随后失重速率逐渐减小，并在

171 ℃降到最小，TGA 曲线趋于平稳，粉尘质量出现短暂的稳定阶段。此后，粉尘失重进入第二阶段，温度范围为 171～500 ℃，该阶段粉尘质量损失主要是石松子粉尘中脂肪油热解，称为热解阶段。当温度超过 171 ℃之后，TGA 曲线再次出现明显下降，对应的 DTG 曲线也在波动中上升，并在 432 ℃左右时达到峰值。此后 TGA 曲线持续降低，但失重速率却逐渐减小；当升温达到 500 ℃时，粉尘质量变化趋于稳定，粉尘质量基本不再发生变化。其中，DTG 曲线的波动可能与石松子粉尘所含的脂肪油成分有关，石松子粉尘含有 80%～86%的石松子油酸和多种不饱和脂肪酸的甘油酯，对于不同种类的油脂和甘油酯，其失重速率会有区别，进而导致 DTG 曲线的波动。

由图 2-15 可知，在 10 ℃/min 的升温速率下，聚乙烯粉尘受热失重过程同样可以分为两个阶段。其中，第一阶段为加热开始至 255 ℃，该阶段粉尘质量几乎不发生变化，TGA 和 DTG 曲线均为直线，因此称该阶段为稳定阶段。此后，粉尘失重进入第二阶段，温度范围为 255～568 ℃，该阶段 TGA 曲线出现明显降低，粉尘开始热解，称为热解阶段。由 DTG 曲线可知，聚乙烯粉尘在热解阶段的失重速率曲线出现了两个峰值，分别出现在 394 ℃和 428 ℃，且 428 ℃处的失重速率远大于 394 ℃处的失重速率。这是因为聚乙烯热解是典型的无规则热解，整个过程非常复杂。有文献报道[93]，温度较低时，聚乙烯热解程度较小，热解速率低，产物大部分是大分子碎片；随着温度的升高，大分子碎片开始热解成小分子物质，如烯烃、甲烷，热解速率明显提升。

结合图 2-14 和图 2-15 中的 TGA 曲线可以分别获取石松子和聚乙烯粉尘在失重过程中对应的失重初始温度、半寿失重温度、失重结束温度等热性能指标，根据 DTG 曲线可以分别获取石松子和聚乙烯粉尘在失重过程中失重速率峰值温度，如表 2-5 所列。

表 2-5　石松子和聚乙烯粉尘热稳定性参数

热稳定性参数	石松子粉尘	聚乙烯粉尘
样品质量/mg	16.05	12.84
失重初始温度 T_0/℃	45	255
失重速率峰值温度 T_p/℃	73 和 432	394 和 428
半寿失重温度 T_{50}/℃	420	424
失重结束温度 T_{max}/℃	500	568
失重率/%	75.4	98.8

由表2-5可以看出，石松子粉尘的失重初始温度T_0、半寿失重温度T_{50}、失重结束温度T_{max}和失重率均小于聚乙烯粉尘的相应参数，即石松子粉尘比聚乙烯粉尘更容易受热发生分解，但其分解率却低于聚乙烯粉尘的分解率。这可能与两种粉尘颗粒物质组成有关，石松子粉尘中油酸和多种不饱和脂肪酸的甘油酯占粉尘质量的80%～86%，这些油脂可在受热条件下充分热解，剩余物质则无法充分热解。而聚乙烯作为乙烯聚合物，在受热分解过程中分解得更加彻底。

2.3.4 甲烷和乙烯物化特性

甲烷的分子式为CH_4，是结构最简单的烃，也是最简单的有机物，由一个碳原子通过sp3杂化的方式组成，其分子结构为饱和碳氢键组成的正四面体结构，是性质最稳定的烃。乙烯的分子式为C_2H_4，其中两个碳原子之间以双键连接，稳定性低于甲烷。表2-6列出了常见可燃气体反应活性分类，由表可知，甲烷的反应活性低于乙烯的反应活性。

表2-6 可燃气体反应活性分类[94-96]

反应活性	可燃气体
低	氨气(NH_3)、甲烷(CH_4)、氯乙烯(C_2H_3Cl)
中	乙烷(C_2H_6)、丙烷(C_3H_8)、乙烯(C_2H_4)、丁烷(C_4H_{10})
高	氢气(H_2)、乙炔(C_2H_2)、苯蒸气(C_6H_6)

在298 K、101 kPa条件下，1 mol纯物质完全燃烧生成稳定的化合物时所放出的热量叫作该物质的燃烧热ΔH(kJ/mol)，也常称为热值。高位热值H_{HHV}是假设所有蒸汽产物都凝结成液态水时的燃烧热，这一情况下释放出来最大量的能量，称为“高位”。相应的低位热值H_{LHV}就是指没有蒸汽产物凝结成液态水的情况下的燃烧热。表2-7列出了甲烷和乙烯的燃烧热，由表可知，单位摩尔乙烯的燃烧热大于单位摩尔甲烷的燃烧热。

表2-7 甲烷和乙烯的燃烧热

名称	H_{HHV}/(kJ/mol)	H_{LHV}/(kJ/mol)
甲烷	890.84	802.41
乙烯	1 411.48	1 323.05

2.4 本章小结

本章首先介绍了实验装置的组成结构和工作原理，然后介绍了实验材料的选取依据，并对实验材料的物化特性进行了分析，总结如下：

(1) 基于 20 L 球形爆炸容器，搭建了一套可同时开展两相体系爆炸和泄放特性研究的实验平台。通过合理的设计和改进，该系统能够实现在相同湍流条件下开展可燃气体、粉尘和两相体系爆炸和泄放特征参数测试。

(2) 采用道尔顿分压法配置可燃气体和压缩空气的预混气体，采用预混气体扬尘的方式配置两相体系，实现了可燃气体与粉尘在容器内的均匀混合；结合已有两相体系爆炸特性研究和容器容积，选取了点火能量为 0.5 kJ 的化学点火具作为点火头。

(3) 采用聚四氟乙烯膜作为泄爆膜，泄爆膜通过带孔法兰盘与泄爆口连接构成泄爆装置，选用了 28 mm、40 mm 和 60 mm 三种孔径的带孔法兰盘，通过改变泄爆膜层数来改变静态动作压力。

(4) 分别选取石松子和聚乙烯粉尘、甲烷和乙烯气体作为爆炸介质来开展两相体系爆炸及泄放特性研究，并介绍了选取依据。基于粒度分析结果和扫描电镜图片，分析了石松子和聚乙烯粉尘的粒径分布和颗粒的结构特征。

(5) 在相同空气环境和升温速率条件下开展了石松子和聚乙烯粉尘的热重分析实验，并对比分析了石松子粉尘和聚乙烯粉尘的受热失重特性，结果表明石松子粉尘比聚乙烯粉尘更容易受热发生分解，但其分解率却低于聚乙烯粉尘的分解率。

(6) 对比分析了甲烷和乙烯的反应活性和燃烧热，结果表明甲烷的反应活性和燃烧热低于乙烯的反应活性和燃烧热。

3 气粉两相体系爆炸下限变化规律研究

爆炸下限是评价可燃气体、粉尘以及两相体系风险的重要参数。准确预测可爆介质的爆炸下限，是开展风险评估的基础。已开展的研究基本明确了单相可燃气体和粉尘的爆炸下限数值，但对两相体系的爆炸下限数值及预测方法的研究还不够。理解两相体系爆炸下限变化规律，构建其与单相介质爆炸下限之间的量化关系，是要解决的关键问题。

本章使用石松子、聚乙烯两种粉尘和甲烷、乙烯两种可燃气体分别构建了甲烷-石松子、乙烯-石松子、甲烷-聚乙烯和乙烯-聚乙烯四种两相体系。基于20 L球形爆炸容器，在相同初始湍流条件下测量了四种两相体系的爆炸下限，分析了两相体系爆炸下限变化规律，探讨了已有的三种两相体系爆炸下限预测模型对本实验条件下两相体系的适用性，并基于本实验数据构建了新的两相体系爆炸下限的预测模型。

3.1 爆炸判定准则及爆炸下限测量方法

3.1.1 爆炸是否发生的判定准则

在开展介质爆炸下限测量时，常采用火焰准则和压力准则来判定介质是否发生爆炸[97]。其中，火焰准则以点火后火焰的传播距离作为判定依据，该准则需结合图像技术，适用于可视工况。压力准则采用一定数值的压力升高幅度作为判定发生爆炸的依据，适用于能够记录压力变化的工况。本书采用压力准则作为爆炸是否发生的判定准则。

对于单相可燃气体，EN 1839 规定当容器内可燃气体爆炸压力提升率$p_r \geqslant 5\%$时，即可认为发生了爆炸，其中：

$$p_r = (p_{ex} - p_0 - \Delta p_{ig}) / p_0 \tag{3-1}$$

式中 p_{cx}——爆炸压力，MPa；

p_0——初始压力，MPa，取 $p_0=0.101\ 3$ MPa；

Δp_{ig}——化学点火头引起的压力升高值，MPa，本实验中 $\Delta p_{ig}\approx 0.008\ 0$ MPa；

以上压力值均为绝对压力值。

可燃气体爆炸下限取爆炸发生与不发生的两个可燃气体浓度的平均值。

对于单相粉尘和两相体系，EN 14034 规定当容器中粉尘爆炸压力 $p_{cx}\geqslant(p_{ig}+0.05)$ MPa 时，即可认为容器内粉尘或两相体系发生了爆炸，其中 $p_{ig}=p_0+\Delta p_{ig}$。粉尘最小爆炸浓度取三次连续实验均不能发生爆炸的最大粉尘浓度。

3.1.2 单相及两相体系爆炸下限测量方法

下文将以甲烷-石松子两相体系为例，介绍单相及两相体系爆炸下限测量方法。

(1) 单相甲烷爆炸下限测量

选取 0.2% 作为甲烷浓度变化梯度，测得不同浓度的甲烷爆炸压力提升率 p_r，如图 3-1 所示。由图 3-1 可知，本实验工况下甲烷的最小可爆浓度为 5.0%，最大非爆浓度为 4.8%，则甲烷的爆炸下限 y_{LEL} 为 $(5.0\%+4.8\%)/2=4.9\%$。

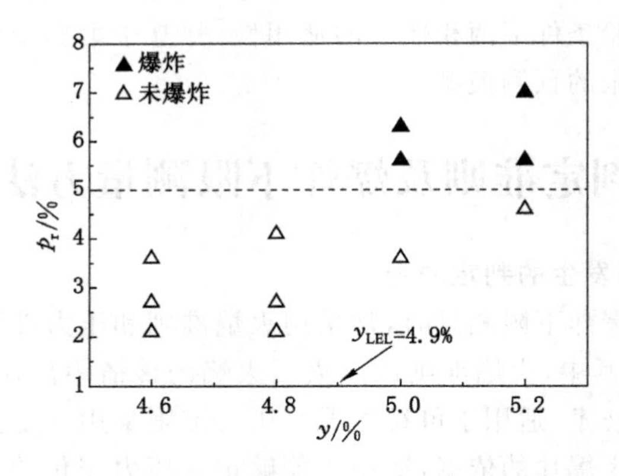

图 3-1 不同浓度的甲烷爆炸压力提升率

(2) 单相石松子粉尘最小爆炸浓度测量

选取 10 g/m³ 作为石松子粉尘浓度变化梯度，测得不同浓度的石松子粉尘爆炸压力峰值，如图 3-2 所示。由图 3-2 可知，三次重复实验条件下，石松子粉尘的最大非爆浓度为 180 g/m³，即该粉尘的最小爆炸浓度 c_{MEC} = 180 g/m³。在本实验工况下，低于该浓度的石松子粉尘将不再发生爆炸。

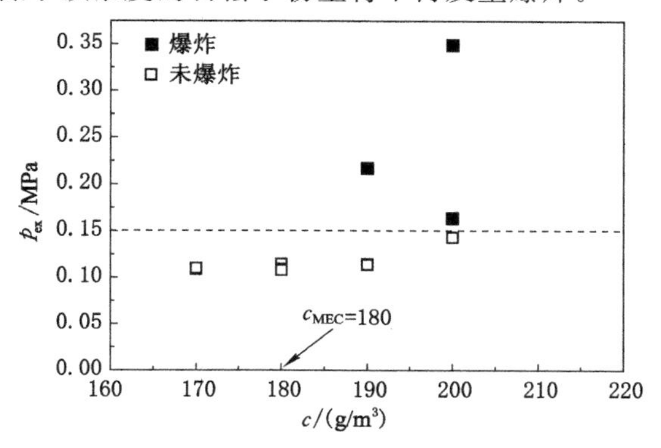

图 3-2　不同浓度的石松子粉尘爆炸压力

(3) 两相体系爆炸下限测量

在测量甲烷-石松子两相体系爆炸下限时，选取 10 g/m³ 作为石松子粉尘浓度变化梯度，对 1%、2%、3%、4% 四种不同甲烷浓度下石松子粉尘最小爆炸浓度进行测试，结果如图 3-3 所示。由图可知，当甲烷浓度为 1% 时，石松子粉尘的最大非爆浓度由空气中的 180 g/m³ 降低至 170 g/m³，增加甲烷浓度至 2% 后，石松子粉尘的最大非爆浓度进一步降低至 120 g/m³，继续提升甲烷浓度至 3%，石松子粉尘的最大非爆浓度持续降低至 30 g/m³，当体系中的甲烷浓度为 4% 时，浓度为 10 g/m³ 的石松子粉尘即可发生爆炸，此时石松子粉尘的最大非爆浓度降低至 5 g/m³。综上可知，当甲烷浓度分别为 1%、2%、3%

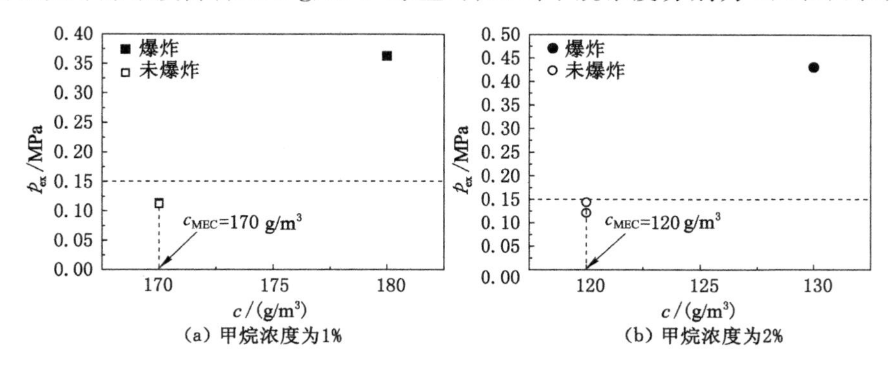

图 3-3　不同甲烷浓度条件下石松子粉尘最小爆炸浓度

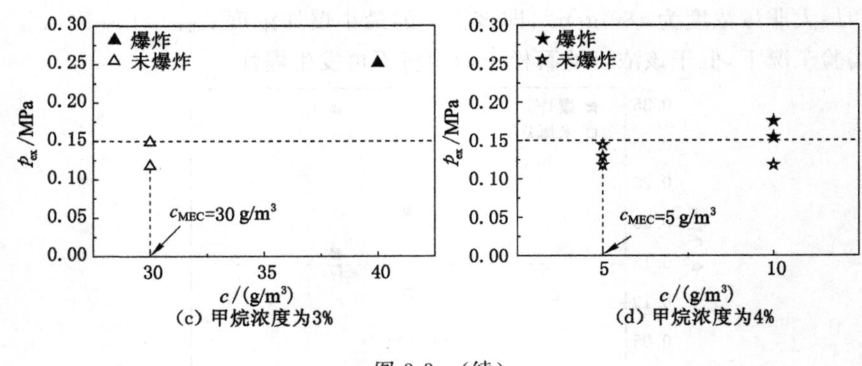

(c) 甲烷浓度为3%

(d) 甲烷浓度为4%

图 3-3 （续）

和 4%时，两相体系爆炸下限分别为 170 g/m³、120 g/m³、30 g/m³和 5 g/m³。

3.2 气粉两相体系爆炸下限变化规律

3.2.1 测量结果

基于上述爆炸判定准则和测量方法，本章在相同初始条件下（初始温度、初始压力、初始湍流强度、初始点火能量等）分别对石松子、聚乙烯、甲烷、乙烯以及由它们构建的四种两相体系爆炸下限进行了测量，结果如表 3-1～表 3-3 所列。

表 3-1 单相介质爆炸下限

介质名称	爆炸下限
甲烷	4.9%
乙烯	2.7%
石松子	180 g/m³
聚乙烯	80 g/m³

表 3-2 甲烷-石松子、甲烷-聚乙烯两相体系爆炸下限

甲烷浓度/%	粉尘最小爆炸浓度/(g/m³)	
	石松子	聚乙烯
1	170	70
2	120	50
3	30	10
4	5	5

表 3-3　乙烯-石松子、乙烯-聚乙烯两相体系爆炸下限

乙烯浓度/%	粉尘最小爆炸浓度/(g/m^3)	
	石松子	聚乙烯
0.5	70	60
1.0	10	20
1.5	5	10
2.0	4	4

3.2.2　气粉两相体系爆炸下限变化规律分析

根据上述测量结果，得到甲烷-石松子、甲烷-聚乙烯、乙烯-石松子和乙烯-聚乙烯四种两相体系爆炸下限随可燃气体浓度变化规律，如图 3-4～图 3-7所示。

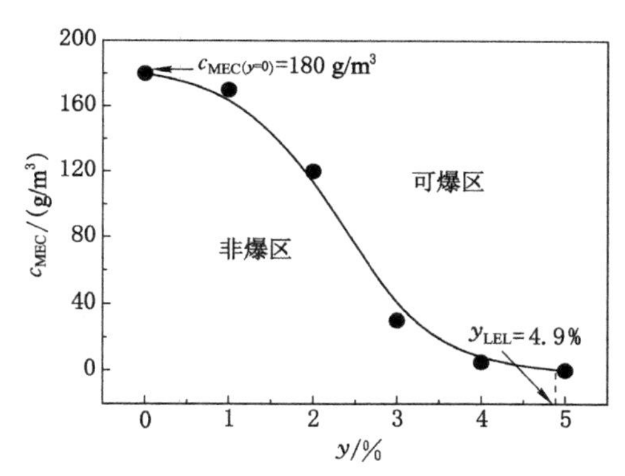

图 3-4　甲烷-石松子两相体系爆炸下限随甲烷浓度变化曲线

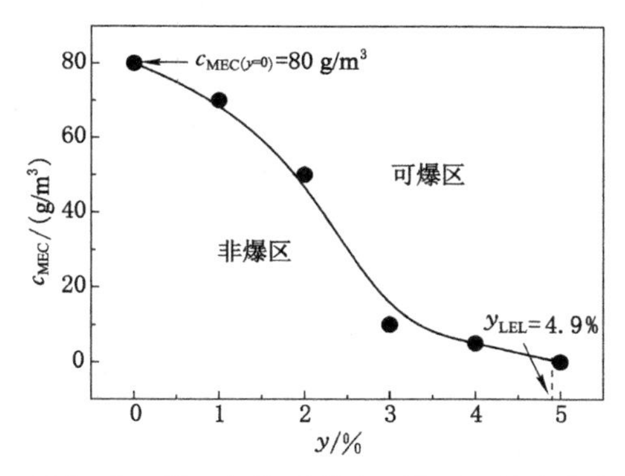

图 3-5　甲烷-聚乙烯两相体系爆炸下限随甲烷浓度变化曲线

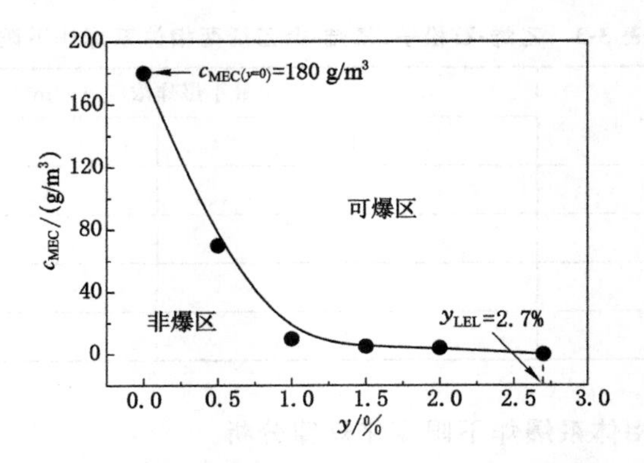

图 3-6 乙烯-石松子两相体系爆炸下限随乙烯浓度变化曲线

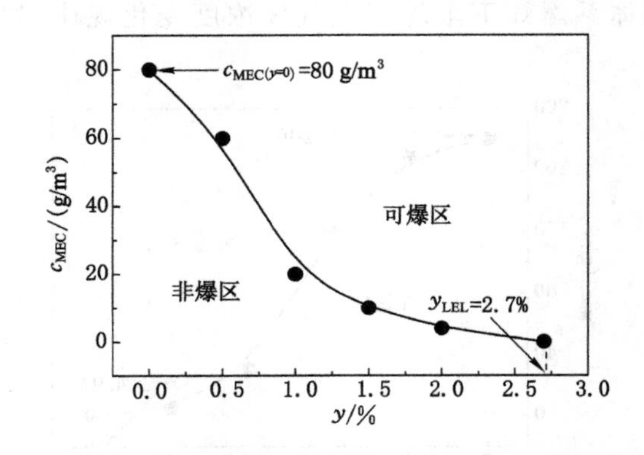

图 3-7 乙烯-聚乙烯两相体系爆炸下限随乙烯浓度变化曲线

根据四种两相体系爆炸下限变化规律可知，可燃气体的添加能够降低粉尘的最小爆炸浓度，且随着可燃气体浓度的增大，粉尘的最小爆炸浓度逐渐减小。粉尘最小爆炸浓度随可燃气体浓度的变化趋势线可将平面二维坐标系分为两个区，即趋势线上方的可爆区和趋势线下方的非爆区，在趋势线上方可爆区内任意取一点，该点对应浓度的可燃气体和粉尘混合后可以发生爆炸，即低于爆炸下限的可燃气体与低于最小爆炸浓度的粉尘混合后仍具有爆炸危险性。

分析认为，有机粉尘爆炸会经过分解产生可燃气体、与空气混合、预混气体燃烧、火焰传播形成爆炸等过程(图 3-8)。根据固体着火理论可知，受热时释放出可燃气体的固体能否被引燃取决于其释放出的可燃气体能否保持一定浓度。因此，只有当粉尘受热分解的可燃气体达到并维持一定浓度时，才能形成稳定传播的火焰，进而导致爆炸。低于最小爆炸浓度的粉尘分解形成的可燃气体浓度过低，不足以维持火焰的稳定传播，而一定浓度可燃气体的添加在一定程度上增加了粉尘分解形成的可燃气体浓度，促使低浓度的粉尘形成稳定传播的火焰，最终导致爆炸的发生。

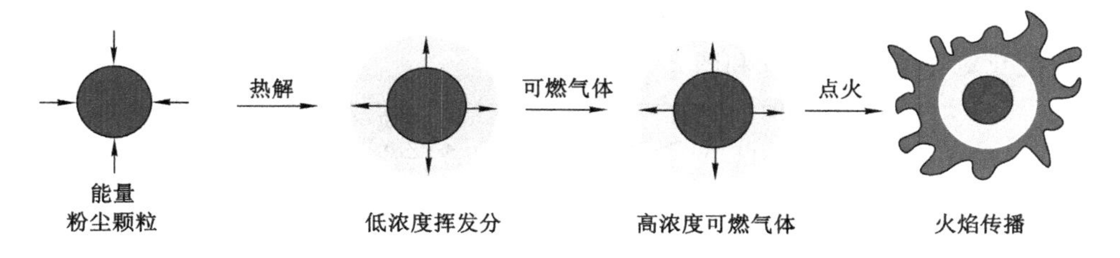

图 3-8　两相体系爆炸发展过程

这也可以用固体引燃平衡方程进行解释，即：

$$(\varphi\Delta H_C - L_V)G_{cr} + \dot{Q}_E - \dot{Q}_1 = S \tag{3-2}$$

式中　φ——固体在燃点时燃烧热(ΔH_C)传递到其表面的百分比；

L_V——固体释放可燃气体所需的热量；

G_{cr}——固体释放的可燃气体在燃点时的临界质量流量；

$\dot{Q}_E$，$\dot{Q}_1$——单位固体表面上火源的加热速率和热损失速率；

S——单位固体表面上净获热速率。

式(3-2)中，如果 $S<0$，固体不能被引燃或只能发生闪燃；如果 $S>0$，固体表面接受的热量除了能维持持续燃烧，还有多余部分提高可燃气体的释放速率，为固体燃烧创造更好的条件；$S=0$ 是固体能否被引燃的临界条件。

对于浓度低于其最小爆炸浓度的粉尘来说，其 S 值小于 0，燃烧不能持续；可燃气体的添加对于 φ、L_V、$\dot{Q}_E$、$\dot{Q}_1$ 等参数的影响均不大，但是却在一定程度上提高了粉尘释放的可燃气体在燃点时的临界质量流量 G_{cr}，进而提升 S 值，导致低浓度粉尘的 S 值大于或等于 0，达到持续燃烧的条件，最终引起爆炸。

3.3　单相介质对气粉两相体系爆炸下限影响的差异性分析

3.3.1　可燃气体对气粉两相体系爆炸下限影响的差异性

对比四种两相体系爆炸下限变化趋势线可以发现，与甲烷相比，乙烯诱导粉尘爆炸下限的降低幅度更明显，这说明不同可燃气体对同一种粉尘最小爆炸浓度的影响程度不同。为了更加清晰地分析可燃气体对两相体系爆炸下限影响的差异性，以甲烷和乙烯浓度 y 分别与其爆炸下限 y_{LEL} 的比值 y/y_{LEL}、不同可燃气体浓度下粉尘最小爆炸浓度 c_{MEC} 为坐标轴(可燃气体爆炸下限和粉尘最小爆炸浓度见表 3-1)，得到同一种粉尘最小爆炸浓度随两种可燃气体浓度变化对比图，如图 3-9 和图 3-10 所示。

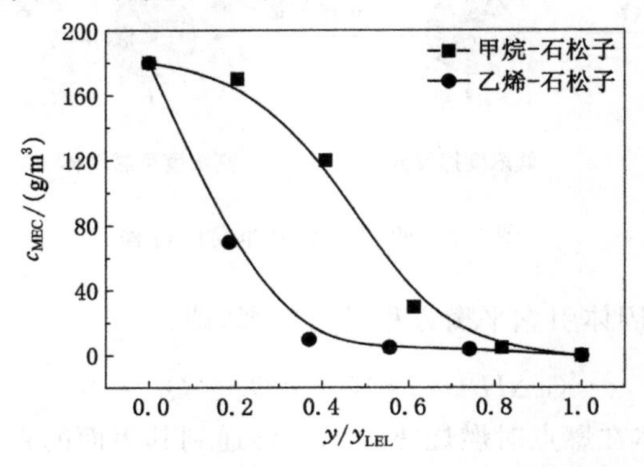

图 3-9　甲烷-石松子、乙烯-石松子两相体系爆炸下限随甲烷和乙烯浓度变化

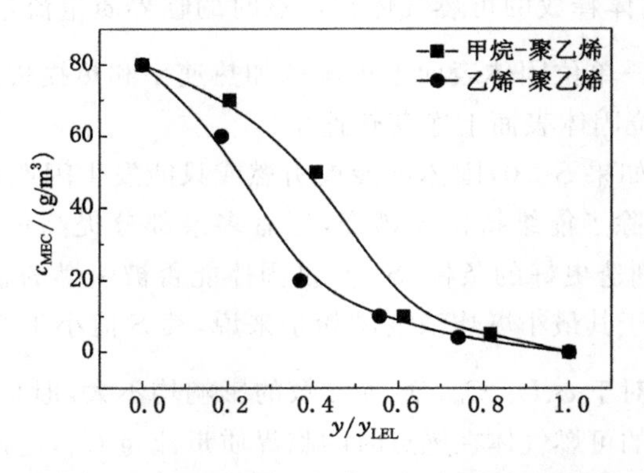

图 3-10　甲烷-聚乙烯、乙烯-聚乙烯两相体系爆炸下限随甲烷和乙烯浓度变化

由图 3-9 和图 3-10 可知，相同 y/y_{LEL} 条件下，乙烯诱导石松子和聚乙烯粉尘最小爆炸浓度的降低幅度更明显，即含有乙烯的两相体系爆炸危险性更高。分析认为，这是因为乙烯具有比甲烷更高的反应活性。粉尘的燃烧需要经过受热、分解、预混、引燃等过程，在两相体系爆炸过程中可燃气体分子将优先与空气中的氧气结合参与反应，并释放出热量作用于粉尘颗粒，促使粉尘颗粒的分解。可燃气体燃烧产生的热量中，一部分将通过对流和辐射的形式作

用于粉尘颗粒，促使粉尘颗粒的分解，还有一部分则主要通过辐射的形式散失到周围环境中去。乙烯具有更高的反应活性，在爆炸过程中燃烧速率更快，热释放更加集中、快速，燃烧释放出来的热量更多地作用于粉尘颗粒，促使粉尘更加充分地分解，提高粉尘分解率，导致较低浓度的石松子粉尘即可与乙烯构成可爆两相体系。而甲烷的反应活性相对较小，在爆炸过程中将有更多的热量通过热辐射的形式散失，导致甲烷环境下石松子粉尘分解率相对较低，进而致使两相体系爆炸发生所需要的粉尘浓度较高。

3.3.2　粉尘对气粉两相体系爆炸下限影响的差异性

为了分析粉尘对两相体系爆炸下限影响的差异性，以石松子和聚乙烯粉尘浓度 c 分别与其最小爆炸浓度 c_{MEC} 的比值 c/c_{MEC}、可燃气体浓度 y 为坐标轴，得到两种粉尘最小爆炸浓度随同一种可燃气体浓度变化对比图，如图 3-11和图 3-12 所示。

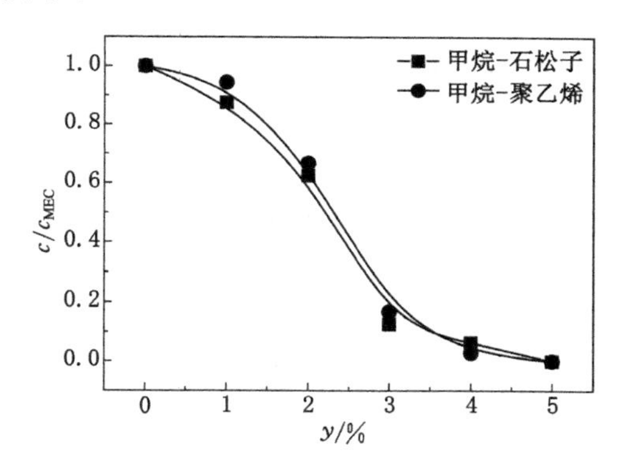

图 3-11　甲烷-石松子、甲烷-聚乙烯两相体系爆炸下限随甲烷浓度变化

由图 3-11 和图 3-12 可知，相同可燃气体浓度条件下，甲烷或乙烯诱导石松子粉尘最小爆炸浓度降低的幅度更明显，即相同浓度的可燃气体对石松子粉尘最小爆炸浓度的影响更显著，这是因为石松子和聚乙烯具有不同的分解特性。在两相体系爆炸过程中，可燃气体燃烧释放出的热量将提升粉尘在爆炸过程中的分解率。根据第 2 章粉尘热特性分析可知，石松子粉尘的失重初始温度 T_0、半寿失重温度 T_{50}、失重结束温度 T_{max} 和失重率均小于聚乙烯粉尘的相应参数，即石松子粉尘比聚乙烯粉尘更容易受热发生分解。因此，相同浓度的可燃气体将导致石松子粉尘分解率更高幅度的提升，进而导致石松子粉尘最小爆炸浓度更大幅度的降低。

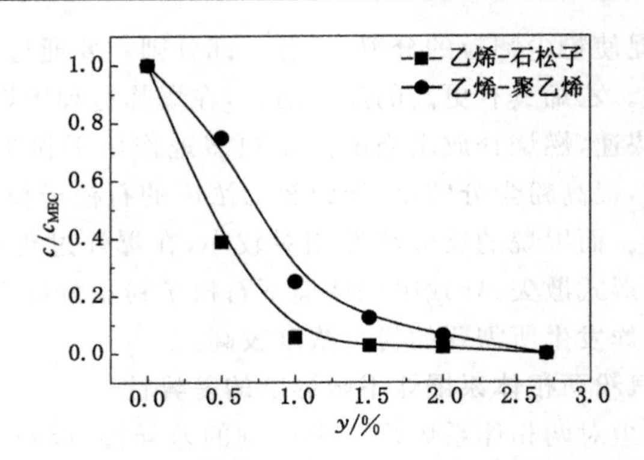

图 3-12　乙烯-石松子、乙烯-聚乙烯两相体系爆炸下限随乙烯浓度变化

3.3.3　气粉两相体系爆炸危险性的定量评估

（1）评估参数的提出

根据上述分析可知，由不同可燃气体和不同粉尘混合而形成的两相体系具有不同的爆炸危险性，两相体系中可燃气体反应活性越高，粉尘越容易受热分解，其爆炸危险性越高。

对比四种两相体系爆炸下限变化趋势线在平面二维坐标系中的分布可知，两相体系爆炸危险性越高，趋势线在平面二维坐标系中围成的可爆区面积 A_E 越大，对应的非爆区面积 A_N 越小（图 3-13）。为了定量评估两相体系爆炸危险性的大小，特定义参数 η，称之为两相体系极限因子，在数值上等于两相体系爆炸下限变化趋势线在平面二维坐标系中围成的可爆区面积和非爆区面积的比值，公式如下：

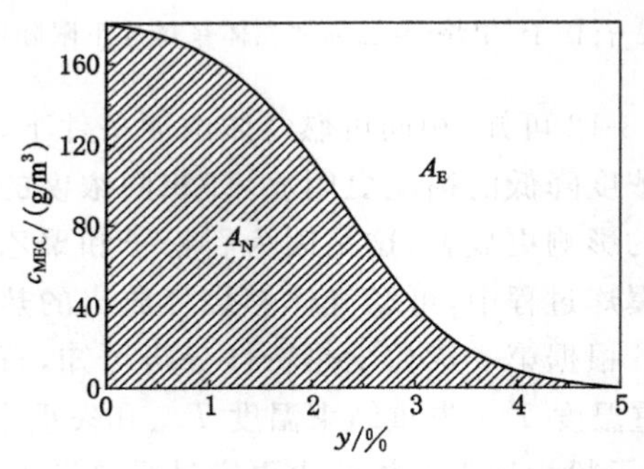

图 3-13　甲烷-石松子两相体系可爆区和非爆区划分

$$\eta = A_E / A_N \tag{3-3}$$

式中　A_E——可爆区面积；

A_N——非爆区面积。

两相体系极限因子越大，表示可爆区面积越大，非爆区面积越小，可燃气体与粉尘混合后越容易形成可爆体系，爆炸危险性越高。

结合图 3-4～图 3-7 和式(3-3)，分别计算得到四种两相体系的极限因子大小，如表 3-4 所列。

表 3-4　实验选用的四种两相体系极限因子

两相体系	甲烷-石松子	甲烷-聚乙烯	乙烯-石松子	乙烯-聚乙烯
极限因子 η	1.29	1.17	4.40	2.20

由表 3-4 可知，实验选用的四种两相体系爆炸危险性由小至大的顺序依次为：甲烷-聚乙烯、甲烷-石松子、乙烯-聚乙烯、乙烯-石松子。

(2) 极限因子的计算方法

极限因子作为定量评估两相体系爆炸危险性大小的参数，对两相体系爆炸风险评估具有重要意义。然而，在实际应用过程中我们无法完全通过实验测量的方法去获得两相体系爆炸下限变化趋势线，并以此计算极限因子的具体数值。但是，极限因子受可燃气体和粉尘种类影响。因此，建立可燃气体和粉尘爆炸特征参数与极限因子 η 的关系是计算 η 数值的可行性途径。

根据前述分析可知，两相体系中可燃气体反应活性越高，粉尘越容易受热分解，其爆炸危险性越高，相应的极限因子 η 值越大。此外，根据爆炸极限理论可知，介质的爆炸极限受燃烧热的影响。特别是对于可燃气体来说，爆炸下限与燃烧热的乘积近似等于某一常数值，说明可燃气体的爆炸下限与其燃烧热近乎成反比，即可燃气体的燃烧热越大，爆炸下限就越低。因此，对于两相体系，爆炸极限将同样会受燃烧热影响，即两相体系的燃烧热越大，相应的爆炸下限越低。

因此，极限因子应该是关联了两相体系中可燃气体反应活性、粉尘分解特性、可燃气体和粉尘燃烧热等特征参数的数值。而可燃气体的反应活性和粉尘的分解特性在爆炸特性上可以以爆炸压力上升速率或爆炸指数形式体现，燃烧热则可以以最大爆炸压力的形式体现。因此，本章拟通过建立可燃气体和粉尘的爆炸指数及最大爆炸压力与极限因子的关系来确定极限因子 η 的数值。

基于此，本章在相同初始条件下分别测量了甲烷、乙烯、石松子粉尘和聚乙烯粉尘的部分爆炸特征参数，结果如表 3-5 所列。

表 3-5 四种单相介质的部分爆炸特征参数

介质	最大爆炸压力 p_{max}/MPa	爆炸指数 K/(MPa·m/s)	爆炸最佳浓度 c_{opt}
甲烷	0.84	42.30	10%
乙烯	0.94	73.70	7%
石松子	0.73	10.35	750 g/m³
聚乙烯	0.67	10.09	600 g/m³

注：表中的压力值均为绝对压力值。

为了便于建立极限因子 η 与爆炸指数和最大爆炸压力之间的关系，设定了参数 κ，先构建参数 κ 与爆炸指数和最大爆炸压力的关系，再建立参数 κ 和极限因子 η 的关系。

令：

$$\kappa = f(p_{max}^{G}, p_{max}^{St}, K_{St}, K_{G}) \tag{3-4}$$

式中 p_{max}^{G} ——可燃气体最大爆炸压力；

p_{max}^{St} ——粉尘最大爆炸压力；

K_{G}——可燃气体爆炸指数；

K_{St}——粉尘爆炸指数。

根据前述分析可知，极限因子 η 与爆炸指数和最大爆炸压力之间均为正相关的关系，因此可取 κ 为：

$$\kappa = f(p_{max}^{G}, p_{max}^{St}) \cdot f(K_{St}, K_{G}) \tag{3-5}$$

根据极限因子 η 数值大小变化规律，并结合爆炸指数和最大爆炸压力数值，通过多次不同形式的数值分析和拟合，建立了 κ 值与爆炸指数和最大爆炸压力之间的关系：

$$\kappa = (p_{max}^{G} + p_{max}^{St})^{2} \cdot \lg(K_{G} + K_{St}) \tag{3-6}$$

结合表 3-5 中四种单相介质的爆炸指数和最大爆炸压力数值，计算得到甲烷-石松子、甲烷-聚乙烯、乙烯-石松子、乙烯-聚乙烯四种两相体系的 κ 值，如表 3-6 所列。

表 3-6 四种两相体系对应的 κ 值和极限因子 η

两相体系	κ 值	极限因子 η
甲烷-聚乙烯	3.92	1.17
甲烷-石松子	4.24	1.29
乙烯-聚乙烯	4.99	2.20
乙烯-石松子	5.37	4.40

对表3-6中的数据进行拟合，得到极限因子 η 与 κ 值关系式：

$$\eta = 5.12 \times 10^{-7} \times e^{\frac{\kappa}{0.34}} + 1.14 \tag{3-7}$$

将式(3-6)代入式(3-7)得：

$$\eta = 5.12 \times 10^{-7} \times e^{\frac{(p_{max}^{G}+p_{max}^{St})^{2}\cdot \lg(K_{G}+K_{St})}{0.34}} + 1.14 \tag{3-8}$$

需要注意的是，公式(3-8)中可燃气体和粉尘的爆炸指数和最大爆炸压力均是依照标准E1226在相同的初始条件下测得，这其中包含初始温度、初始压力、初始湍流强度、初始点火能量等。

3.4　气粉两相体系爆炸下限预测方法

3.4.1　现有预测方法的可靠性探讨

常见的两相体系爆炸下限预测模型主要有Le Chatelier、Bartknecht和Jiang三种。结合甲烷-石松子、甲烷-聚乙烯、乙烯-石松子、乙烯-聚乙烯四种两相体系爆炸下限测量结果，对上述三种预测模型适用性进行分析。以 c/c_{MEC} 和 y/y_{LEL} 为坐标轴，得到三种两相体系爆炸下限预测模型与四种两相体系测量值的对比结果，如图3-14～图3-17所示。图中，每种预测曲线将坐标面分为两个区，即曲线下方的非爆区和曲线上方的可爆区。通过分析实验测量结果在平面坐标系中所处的区域来判定各预测模型的适用性。

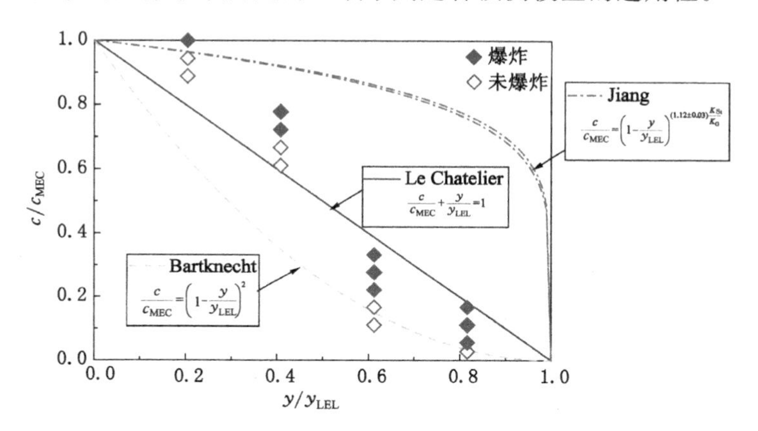

图3-14　两相体系爆炸下限预测模型与甲烷-石松子两相体系测量结果对比

图3-14为两相体系爆炸下限预测模型与甲烷-石松子两相体系测量结果

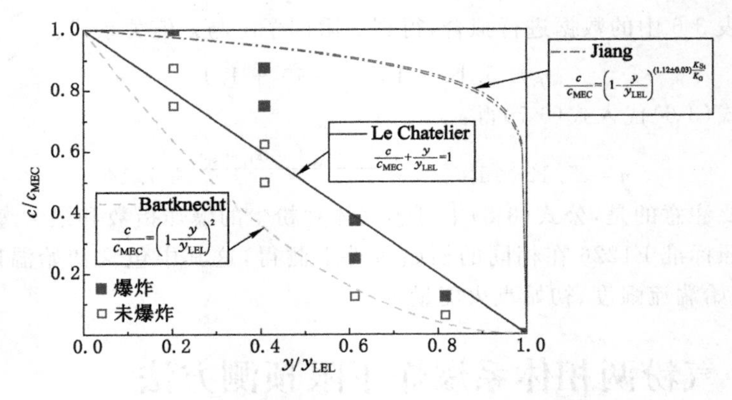

图 3-15　两相体系爆炸下限预测模型与甲烷-聚乙烯两相体系测量结果对比

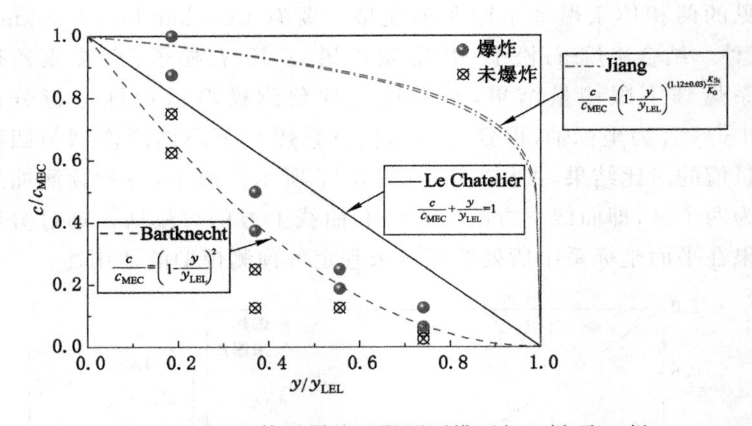

图 3-16　两相体系爆炸下限预测模型与乙烯-聚乙烯两相体系测量结果对比

对比图。由图 3-14 可知，当两相体系中 $y/y_{\mathrm{LEL}}<0.5$ 时，两相体系爆炸下限处于 Le Chatelier 模型的可爆区内，此时 Le Chatelier 模型的预测值小于测量值，偏于保守；当两相体系中 $y/y_{\mathrm{LEL}}>0.5$ 时，两相体系爆炸下限处于 Le Chatelier模型的非爆区内，即此时 Le Chatelier 模型的预测值大于测量值，不再适用于预测甲烷-石松子两相体系爆炸下限。甲烷-石松子两相体系爆炸下限实测值全部处于 Bartknecht 模型的可爆区内，并且当 $y/y_{\mathrm{LEL}}>0.5$ 时，Bartknecht 模型的预测值和测量值较为接近，而当 $y/y_{\mathrm{LEL}}<0.5$ 时，Bartknecht 模型的预测值和测量值偏差略大。与 Bartknecht 模型相反，甲烷-

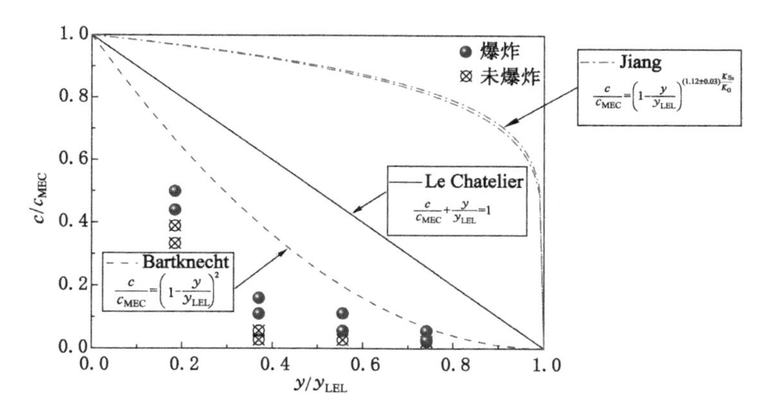

图 3-17 两相体系爆炸下限预测模型与乙烯-石松子两相体系测量结果对比

石松子两相体系爆炸下限几乎全部处于 Jiang 模型的非爆区内，即 Jiang 模型不适用于甲烷-石松子两相体系爆炸下限的预测。

图 3-15 为两相体系爆炸下限预测模型与甲烷-聚乙烯两相体系测量结果对比图。由图 3-15 可知，与甲烷-石松子两相体系相似，Le Chatelier 模型可用于 $y/y_{LEL}<0.5$ 的甲烷-聚乙烯两相体系，但偏于保守；当 $y/y_{LEL}>0.5$ 时，Le Chatelier 模型不再适用。Bartknecht 模型在全浓度范围内均可用于甲烷-聚乙烯两相体系爆炸下限预测，但当 $y/y_{LEL}<0.5$ 时，Bartknecht 模型的预测值和测量值偏差略大，只有当 $y/y_{LEL}>0.5$ 时，Bartknecht 模型的预测值和测量值较为接近。甲烷-聚乙烯两相体系爆炸下限几乎全部处于 Jiang 模型的非爆区内，即 Jiang 模型同样不适用于甲烷-聚乙烯两相体系爆炸下限的预测。

图 3-16 为两相体系爆炸下限预测模型与乙烯-聚乙烯两相体系测量结果对比图。由图 3-16 可知，几乎所有的乙烯-聚乙烯两相体系爆炸下限测量值都出现在 Le Chatelier 和 Jiang 模型的非爆区内，即在进行乙烯-聚乙烯两相体系爆炸下限预测时，Le Chatelier 和 Jiang 模型均不适用。而 Bartknecht 模型的非爆区内基本未出现乙烯-聚乙烯可爆组合，即 Bartknecht 模型可用于乙烯-聚乙烯两相体系爆炸下限预测，且当 $y/y_{LEL}\geqslant 0.3$ 时，Bartknecht 模型的预测值近似等于测量值，预测精度较高。因此，Le Chatelier 和 Jiang 模型均不适用于乙烯-聚乙烯两相体系爆炸下限预测，而 Bartknecht 模型具有适用性，且适用性较高。

而对乙烯-石松子两相体系爆炸下限预测时，三种预测模型均不适用，如

图 3-17 所示，所有的乙烯-石松子两相体系爆炸下限测量值都处于三条预测曲线的非爆区内。

综合上述分析可知，Le Chatelier、Bartknecht 和 Jiang 模型均无法准确预测本书选用的四种两相体系爆炸下限。总体而言，Le Chatelier 模型只对于甲烷-石松子和甲烷-聚乙烯两相体系在一定可燃气体浓度范围内具有一定的适用性，适用范围有限；Bartknecht 模型对于甲烷-石松子、甲烷-聚乙烯和乙烯-聚乙烯两相体系均具有一定的适用性，但部分情况下预测值略偏保守；Jiang 模型基本不具适用性。因此，在进行本书选用的四种两相体系爆炸下限预测时，可优先选用 Bartknecht 模型，其次是 Le Chatelier 模型，而 Jiang 模型的预测值基本不具有参考价值。

3.4.2 基于气粉两相体系危险性定量评估参数的新预测方法

已有的三种两相体系爆炸下限预测模型均通过构建可燃气体浓度 y 和粉尘浓度 c 的函数关系式来预测两相体系爆炸下限。对比三种模型发现，它们在函数的结构形式上具有一致性，均为可燃气体浓度 y 和粉尘浓度 c 的幂函数关系：

$$\frac{c}{c_{\mathrm{MEC}}}=\left(1-\frac{y}{y_{\mathrm{LEL}}}\right)^{\tau} \tag{3-9}$$

式中　τ——指数。

在该函数中，c/c_{MEC} 和 y/y_{LEL} 的取值范围均为 0～1。因此，若将该函数置于平面坐标系中，当 $\tau>1$ 时，该函数将在平面坐标系中呈现下凹的曲线形态，τ 值的大小决定了曲线的下凹程度，如图 3-18 所示。此外，随着 y/y_{LEL} 增大，c/c_{MEC} 逐渐降低，且降低幅度逐渐减小，即曲线更贴近于 y/y_{LEL} 轴。

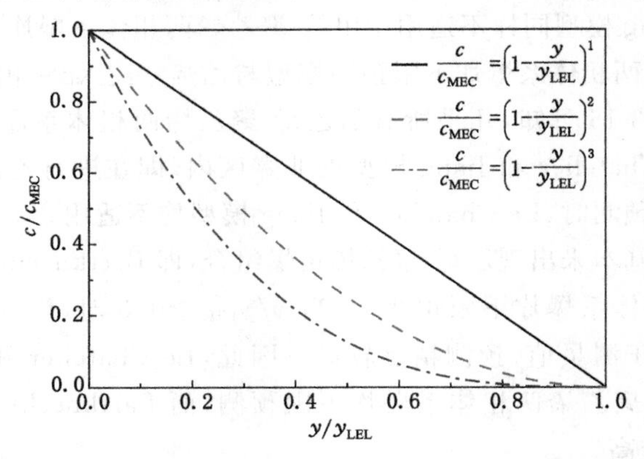

图 3-18　不同 τ 值对应的函数曲线在平面坐标系中的形态

图 3-19 为本书选用的四种两相体系爆炸下限变化趋势线。由图 3-19 可知，四条趋势线在形态上略有不同，但整体上呈现下凹趋势，且随着 y/y_{LEL} 值的增大，趋势线更加贴近于 y/y_{LEL} 轴。对比图 3-18 和图 3-19 可以发现，本书选用的四种两相体系爆炸下限变化趋势线与幂函数 $c/c_{MEC}=(1-y/y_{LEL})^{\tau}$ 曲线形态相似。因此，采用 $c/c_{MEC}=(1-y/y_{LEL})^{\tau}$ 的函数形式去构建两相体系爆炸下限预测模型具有合理性。基于此，本书将仍采用幂函数 $c/c_{MEC}=(1-y/y_{LEL})^{\tau}$ 的形式去构建新的两相体系爆炸下限预测模型。

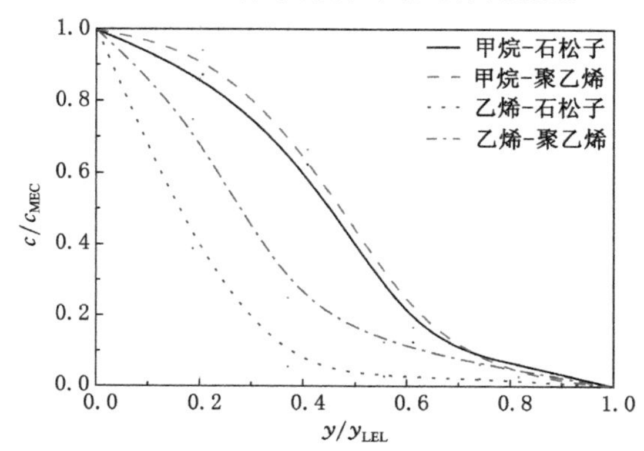

图 3-19 本书选用的四种两相体系爆炸下限变化趋势线

结合已有的三种预测模型可知，新模型的关键在于指数 τ 的取值。在 Le Chatelier和 Bartknecht 模型中，指数 τ 均取固定值，分别为 1 和 2。但是，根据本书选取的四种两相体系爆炸下限变化规律可知，对于不同种类的两相体系，其爆炸下限变化趋势线的凹陷程度并不一致，即 τ 值的大小和两相体系种类相关，并非固定值。Jiang 模型在考虑初始湍流的前提下，将可燃气体和粉尘的爆炸指数 K_G 和 K_{St} 关联进去，建立了 τ 与 K_G、K_{St} 的关系式。虽然该模型通过可燃气体和粉尘的爆炸指数构建了 τ 值和两相体系种类的关系，但是其建立的 τ 与 K_G、K_{St} 关系式是基于特定实验条件下的 K_G、K_{St} 值进行拟合得到的，而可燃气体和粉尘的爆炸指数受实验条件影响较大，因此该公式在使用时稳定性较差，对介质种类和实验条件均具有较强的依赖性。此外，虽然爆炸指数是反映可爆介质火焰传播速度、燃烧速率等基本燃烧特性的参数，但是该模型建立的 τ 和 K_G/K_{St} 的关系并不具有理论根据。

通过计算发现由函数 $c/c_{MEC}=(1-y/y_{LEL})^{\tau}$ 曲线在平面二维坐标系中划分的两个区面积的比值约等于指数 τ，而前文定义的极限因子 η 同样为两相体系爆炸下限变化趋势线所在的平面坐标系中可爆区面积和非爆区面积的比值。基于此,本书取 $\tau=\eta$,构建了如式(3-10)所示的新两相体系爆炸下限预测模型。

$$\frac{c}{c_{\mathrm{MEC}}}=\left(1-\frac{y}{y_{\mathrm{LEL}}}\right)^{\eta} \tag{3-10}$$

将表 3-4 中的 η 值代入式(3-10)中,得到如图 3-20 所示的模型预测曲线与实验数据拟合曲线对比图。由图 3-20 可知,当 τ 取值为 η 时,整体上新模型曲线与实验数据拟合曲线在形态上具有一致性,且预测结果具有较高精度,即采用极限因子 η 作为函数 $c/c_{\mathrm{MEC}}=(1-y/y_{\mathrm{LEL}})^{\tau}$ 的指数具有可行性。

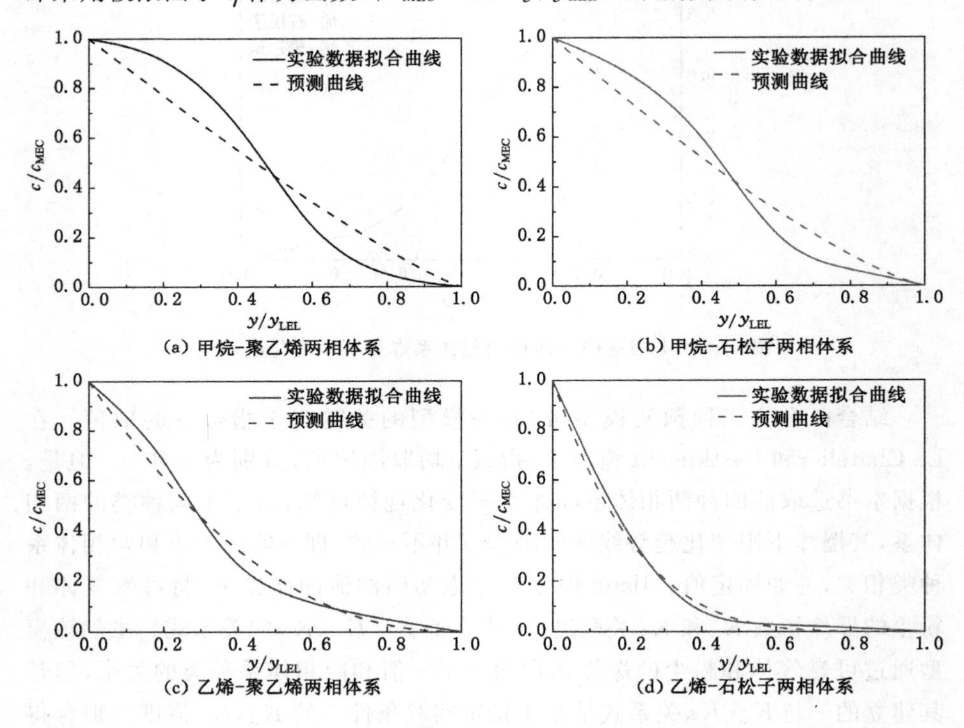

图 3-20 $\tau=\eta$ 时模型预测曲线与实验数据拟合曲线对比

进一步分析图 3-20 可知,虽然新预测模型具有较高精度,但是仍有可爆工况于新模型曲线的非爆区内。因此,在实际应用过程中需要对 η 值进行适当修正,以获取偏安全的预测结果。根据本书实验结果,推荐修正因子可在 1.2~1.5 之间取值,即 $\tau=(1.2\sim1.5)\eta$。

3.5 本章小结

使用 20 L 球形爆炸容器,在相同初始条件下对四种爆炸介质以及由它们构建的四种两相体系的爆炸下限进行了实验测量。基于实验结果,分析了两相体系爆炸下限变化规律以及单相介质对两相体系爆炸下限变化规律影响的差异性。结合两相体系爆炸下限变化规律对已有爆炸下限预测模型的适用性进行了验证,并构建了新的预测模型。主要内容和结果概括如下:

(1) 采用压力判定准则,分别对甲烷、乙烯、石松子、聚乙烯以及由它们构建的四种两相体系的爆炸下限进行了测量,分析了两相体系爆炸下限变化规律,发现可燃气体的添加能够导致粉尘最小爆炸浓度的明显降低,即低于爆炸下限的可燃气体与低于最小爆炸浓度的粉尘混合后仍然具有爆炸危险性。

(2) 对比分析了四种两相体系爆炸下限变化规律的异同,结合单相介质的物化特性,分析了单相介质对两相体系爆炸下限变化规律影响的差异性,发现由不同可燃气体和不同粉尘混合而形成的两相体系具有不同的爆炸危险性,两相体系中可燃气体反应活性越高,粉尘越容易受热分解,其爆炸危险性越高。

(3) 定义了定量评估两相体系爆炸危险性大小的参数——极限因子,并建立了一个关联可燃气体和粉尘最大爆炸压力(p_{max}^{G}、p_{max}^{St})及爆炸指数(K_{St}、K_{G})的极限因子计算方法,结合该方法计算得到本书选用的四种两相体系极限因子值,因此得出四种两相体系的爆炸危险性从小至大依次为:甲烷-聚乙烯、甲烷-石松子、乙烯-聚乙烯、乙烯-石松子。

(4) 验证并分析了 Le Chatelier、Bartknecht 和 Jiang 三种预测模型对本书选用的四种两相体系的适用性,结果表明,三种预测模型未能充分考虑可燃气体和粉尘自身的爆炸性质对两相体系爆炸下限的影响,均不能准确预测本书选用的四种两相体系爆炸下限。

(5) 基于已有爆炸下限预测模型和本书选用的四种两相体系爆炸下限变化规律,建立了关联极限因子的两相体系爆炸下限新预测模型,即该模型关联了可燃气体和粉尘的最大爆炸压力及爆炸指数,对于本书选用的四种两相体系具有较好的适用性。

4 气粉两相体系爆炸强度参数变化规律研究

爆炸强度参数是反映介质爆炸危害性的重要参数，是工业爆炸防护设计的重要参考依据。已有关于两相体系爆炸强度参数的研究结果还不能全面反映两相体系爆炸强度参数变化规律，可燃气体、粉尘和两相体系爆炸强度参数之间的区别和联系还不明确。为了全面分析两相体系爆炸强度参数变化规律，在相同实验条件下对全浓度范围内的可燃气体、粉尘和两相体系爆炸强度参数进行了测量。其中石松子粉尘浓度范围取250～1 250 g/m^3，聚乙烯粉尘浓度范围取200～1 000 g/m^3，甲烷浓度范围取2%～10%，乙烯浓度范围取1%～7%。结合实验结果，分析了可燃气体对粉尘爆炸强度参数的影响规律，探讨了单相介质物化特性在两相体系爆炸强度参数变化规律中的作用，明确了可燃气体、粉尘和两相体系爆炸强度大小之间的关系。结合两相体系爆炸强度参数变化规律，建立了预测两相体系爆炸强度参数的数学模型。

4.1 爆炸强度参数的获取方法

为了更加清晰地阐述两相体系爆炸强度参数变化规律，首先介绍爆炸压力、爆炸压力上升速率、最大爆炸压力、最大爆炸压力上升速率和爆炸指数等爆炸强度参数的基本概念和获取方法。

爆炸压力 p_{ex}(MPa)——在设定浓度下，反应物在爆炸过程中相对于着火时容器中压力的最大过压值，如图 4-1 所示。

爆炸压力上升速率$(dp/dt)_{ex}$(MPa/s)——在设定浓度下，反应物在爆炸过程中测得的爆炸压力随时间变化曲线的最大斜率，如图 4-1 所示。

最大爆炸压力 p_{max}(MPa)——在可爆浓度范围内，测量得到反应物爆炸压力 p_{ex}的最大值，如图 4-2 所示。

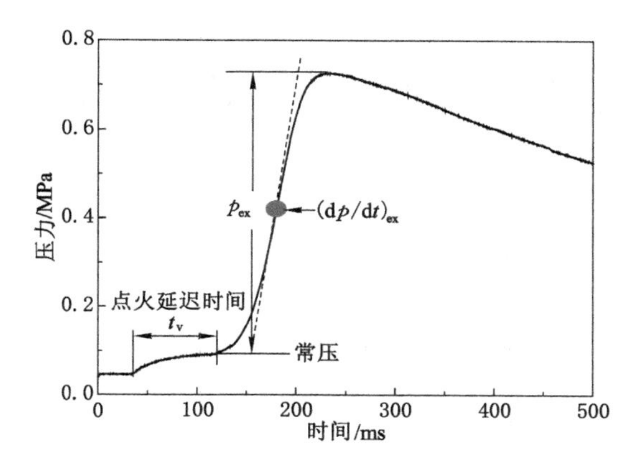

图 4-1 某粉尘在设定浓度下爆炸过程中容器压力随时间变化

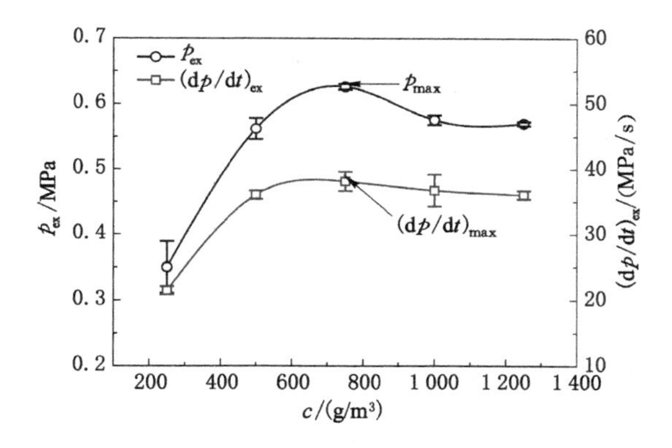

图 4-2 某粉尘爆炸压力 p_{ex}和爆炸压力上升速率 $(dp/dt)_{ex}$随粉尘浓度变化

最大爆炸压力上升速率$(dp/dt)_{max}$(MPa/s)——在可爆浓度范围内，测量得到的反应物爆炸压力上升速率$(dp/dt)_{ex}$的最大值，如图 4-2 所示。

爆炸指数 K(MPa·m/s)——由反应物的最大爆炸压力上升速率$(dp/dt)_{max}$和测试容器体积 V 通过式(4-1)计算得到，它是评估介质爆炸强度的重要指标。

$$K = (dp/dt)_{max}V^{1/3} \tag{4-1}$$

爆炸最佳浓度 c_{opt}(g/m³)、y_{opt}(%)——反应物获得最大爆炸压力 p_{max}和最大爆炸压力上升速率$(dp/dt)_{max}$时对应的浓度。

4.2 单相介质爆炸强度参数变化规律

4.2.1 测量结果

作为参考，实验首先在相同测试条件下对甲烷、乙烯、石松子和聚乙烯四种单相介质的爆炸强度参数进行了测量，结果如表 4-1 所列。

表 4-1 四种单相介质的爆炸指数和最大爆炸压力

介质	最大爆炸压力 p_{max}/MPa	爆炸指数 K/(MPa·m/s)	爆炸最佳浓度
甲烷	0.74	42.30	10%
乙烯	0.84	73.70	7%
石松子	0.63	10.35	750 g/m^3
聚乙烯	0.57	10.09	600 g/m^3

4.2.2 结果分析及讨论

表 4-2 对比了本书测得的和文献中出现的甲烷和乙烯爆炸强度参数。

表 4-2 本书实验测量的甲烷和乙烯爆炸强度参数与文献值对比

气体	装置	点火方式	条件	p_{max}/MPa	K/(MPa·m/s)	y_{opt}/%	数据来源
甲烷	20 L 球形爆炸容器	电火花	静止	0.74	5.50	10	W. Bartknecht[19]
	20 L 球形爆炸容器	电火花	静止	0.75	9.50	10	K. L. Cashdollar 等[98]
	20 L 球形爆炸容器	电火花	静止	0.77	8.00	10	A. E. Dahoe 等[99]
	20 L 球形爆炸容器	电热丝	静止	0.76	7.40	10	C. V. Mashuga 等[100]
	20 L 球形爆炸容器	化学点火头	湍流	0.74	42.30	10	本书实验测量
乙烯	20 L 球形爆炸容器	电火花	静止	0.80	17.10	—	标准 NFPA 68
	—	—	静止	0.86	15.69	8	毕明树等[1]
	20 L 球形爆炸容器	化学点火头	湍流	0.84	73.70	7	本书实验测量

由表 4-2 可知，本书测得的甲烷和乙烯最大爆炸压力和文献值相当，但爆炸指数却远大于文献值。其主要原因是本书中的甲烷和乙烯爆炸强度参数是在湍流条件下测得的，而文献值均为静止条件下测得的。已有研究表明[99,101]，初始湍流对可燃气体最大爆炸压力影响较小，而对爆炸指数影响较大。这是因为初始强湍流可在很大限度上增大可燃气体燃烧速率，进而增大

其爆炸压力上升速率，导致爆炸指数的增大。

表 4-3 对比了本书测得的和文献中出现的石松子和聚乙烯粉尘爆炸强度参数。由表 4-3 可知，本书测得石松子和聚乙烯粉尘最大爆炸压力和爆炸指数均比文献值略低。其原因可能是本书使用的化学点火头能量较低，而化学点火头能量对粉尘爆炸强度参数具有重要影响，较高的点火能量能够在一定程度上增大粉尘燃烧效率和燃烧速率，进而提升粉尘爆炸压力和爆炸指数。

表 4-3　本书实验测量的石松子和聚乙烯粉尘爆炸强度参数与文献值对比

粉尘	装置	点火能量 /kJ	中位粒径 /μm	p_{max} /MPa	K /(MPa·m/s)	数据来源
石松子	20 L 球形爆炸容器	10.0	63.0～75.0	0.74	13.87	Y. F. Khalil[90]
	20 L 球形爆炸容器	10.0	28.0	0.70	15.07	标准 E1226
	20 L 球形爆炸容器	10.0	35.0	0.67	12.89	M. Silvestrini 等[91]
	20 L 球形爆炸容器	0.5	38.7	0.63	10.35	本文实验测量
聚乙烯	20 L 球形爆炸容器	10.0	<10.0	0.80	15.60	标准 NFPA 68
	20 L 球形爆炸容器	0.5	19.2	0.57	10.09	本文实验测量

对比表 4-2 和表 4-3 中可燃气体和粉尘爆炸强度参数可知，本书选用的可燃气体的最大爆炸压力和爆炸指数均大于粉尘的最大爆炸压力和爆炸指数，即可燃气体爆炸强度高于粉尘爆炸强度。

在本书 2.3.1 小节中已经提到，两相体系最常形成于有机粉尘环境中。而对于一般有机粉尘来说，其最大爆炸压力略低于可燃气体最大爆炸压力，而相同测试条件下的爆炸指数远小于可燃气体爆炸指数[102]。这是因为一般有机粉尘的爆炸需要经过受热、分解、预混和引燃等过程，而可燃气体爆炸属于气体分子与氧气分子的直接接触，燃烧更充分、速率更快。因此，相同测试条件下，可燃气体的爆炸强度高于粉尘的爆炸强度。而在实际工业中也存在某些特殊粉尘，其爆炸强度高于可燃气体的爆炸强度，如炸药或某些金属粉尘。但是，这种工况在工业中较为少见。

因此，在此需要指出的是，本书讨论的两相体系属于一般工况下的可燃气体和有机粉尘的混合体系，得到的强度参数变化规律仅适用于可燃气体爆炸强度高于粉尘爆炸强度的两相体系，而不适用于粉尘爆炸强度高于可燃气体爆炸强度的两相体系。

4.3 气粉两相体系爆炸强度参数变化规律

4.3.1 气粉两相体系爆炸压力变化规律

图 4-3 为不同浓度石松子粉尘的爆炸压力随甲烷浓度变化规律，图中虚线为单相粉尘爆炸压力等值线。由图 4-3 可知，当石松子粉尘浓度为 250 g/m³时，浓度为 2%的甲烷即可引起石松子粉尘爆炸压力的明显升高，浓度为 4%的甲烷可引起其爆炸压力的进一步升高，甲烷浓度超过 4%后，爆炸压力开始降低，但两相体系爆炸压力始终高于单相粉尘爆炸压力。当石松子粉尘浓度为 500 g/m³时，浓度为 2%的甲烷同样可引起石松子粉尘爆炸压力的明显升高，但升高幅度比浓度为 250 g/m³工况下小，且该粉尘浓度下，甲烷浓度超过 2%后，爆炸压力便开始降低，但两相体系爆炸压力同样始终高于单相粉尘爆炸压力。当粉尘浓度升高至 750 g/m³和 1 000 g/m³时，混入浓度为 2%的甲烷后粉尘爆炸压力同样升高，但升高幅度较小，甲烷浓度超过 2%后，爆炸压力开始降低，并且当甲烷浓度超过 2%时，两相体系的爆炸压力低于单相粉尘爆炸压力。

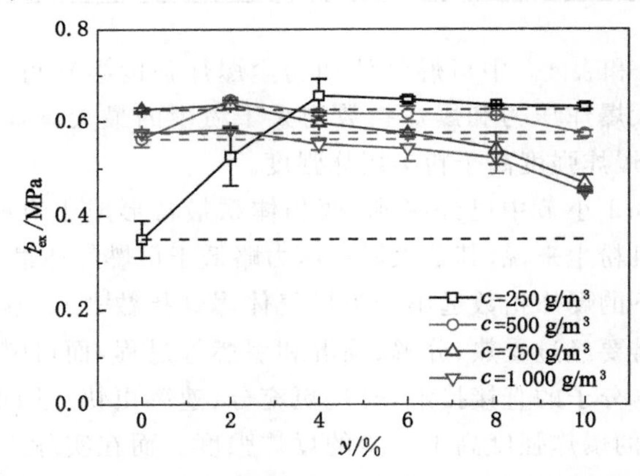

图 4-3　不同浓度石松子粉尘的爆炸压力随甲烷浓度变化规律

总体而言，对于不同浓度的石松子粉尘，适量的甲烷均可引起其爆炸压力的升高，且爆炸压力随甲烷浓度的升高先升高后降低。当石松子粉尘浓度为 250 g/m³和 500 g/m³时，含有甲烷的两相体系爆炸压力均高于单相粉尘爆炸压力，即当量浓度范围之内的甲烷均可引起粉尘爆炸压力的升高；当石松子粉尘浓度为 750 g/m³ 和 1 000 g/m³ 时，浓度超过 2% 的甲烷将导致粉尘爆炸压力的降低。此外，随着石松子粉尘浓度的升高，四条变化趋势线趋于平缓，即石松子粉尘爆炸压力对甲烷的敏感度逐渐降低。

图 4-4 为不同浓度石松子粉尘的爆炸压力随乙烯浓度变化规律，图中虚线为单相粉尘爆炸压力等值线。由图 4-4 可知，与甲烷-石松子两相体系相似，乙烯的添加同样可以引起不同浓度石松子粉尘爆炸压力的升高，且升高幅度较甲烷更大，并随着乙烯浓度的升高先升高后降低。随着石松子粉尘浓度的升高，四条变化趋势线趋于平缓，即石松子粉尘爆炸压力对乙烯的敏感度逐渐降低。但是，与甲烷-石松子两相体系不同，对于四种不同浓度的石松子粉尘，含有乙烯的两相体系爆炸压力均高于单相粉尘爆炸压力，即当量浓度范围内的乙烯均可导致粉尘爆炸压力的升高。

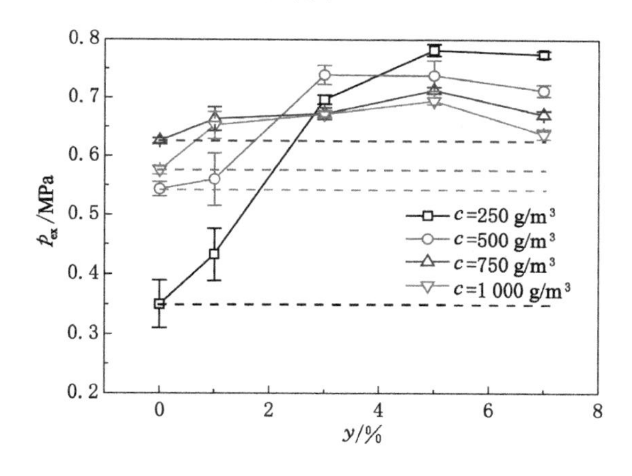

图 4-4　不同浓度石松子粉尘的爆炸压力随乙烯浓度变化规律

图 4-5 为不同浓度聚乙烯粉尘的爆炸压力随甲烷浓度变化规律，图中虚线为单相粉尘爆炸压力等值线。由图 4-5 可知，甲烷的添加可引起不同浓度聚乙烯粉尘爆炸压力的升高，且爆炸压力随甲烷浓度的升高先升高后降低。随着聚乙烯粉尘浓度的升高，五条变化趋势线趋于平缓，即聚乙烯粉尘爆炸压力对甲烷的敏感度逐渐降低。与甲烷-石松子两相体系相似，当聚乙烯粉尘浓度为 200 g/m³ 和 400 g/m³ 时，当量浓度范围之内的甲烷均可导致粉尘爆炸压力的升高；当聚乙烯粉尘浓度为 600 g/m³、800 g/m³ 和 1 000 g/m³ 时，浓度超过 8% 的甲烷可能导致粉尘爆炸压力的降低。

图 4-6 为不同浓度聚乙烯粉尘的爆炸压力随乙烯浓度变化规律，图中虚

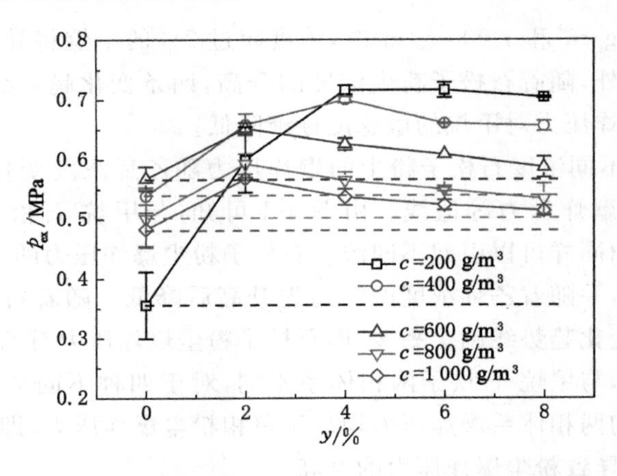

图 4-5　不同浓度聚乙烯粉尘的爆炸压力随甲烷浓度变化规律

线为单相粉尘爆炸压力等值线。由图 4-6 可知，乙烯的添加同样能够引起不同浓度聚乙烯粉尘爆炸压力的升高，且爆炸压力随乙烯浓度的升高先升高后降低。与甲烷-聚乙烯两相体系相比，乙烯导致聚乙烯粉尘爆炸压力的升高更明显。随着聚乙烯粉尘浓度的升高，四条变化趋势线趋于平缓，即聚乙烯粉尘爆炸压力对乙烯的敏感度逐渐降低。与乙烯-石松子两相体系相似，对于四种不同浓度的聚乙烯粉尘，当量浓度范围内的乙烯均可导致粉尘爆炸压力的升高。

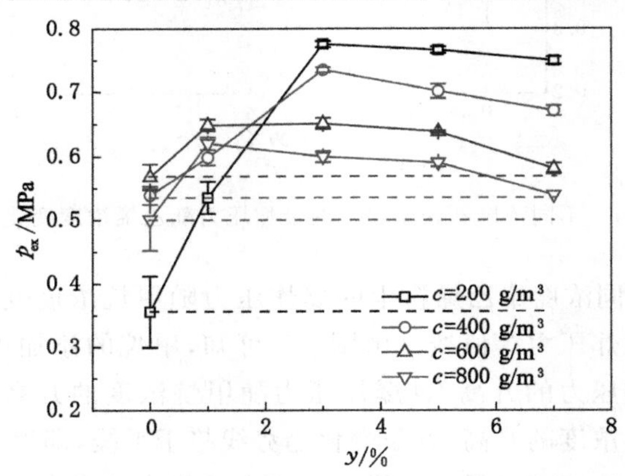

图 4-6　不同浓度聚乙烯粉尘的爆炸压力随乙烯浓度变化规律

结合上述四种两相体系爆炸压力变化规律可知，适量的可燃气体可引起不同浓度粉尘爆炸压力的升高，且爆炸压力随着可燃气体浓度的升高先升高后降低。随着粉尘浓度的升高，可燃气体引起的粉尘爆炸压力变化趋势线趋于平缓，即粉尘爆炸压力对可燃气体的敏感度逐渐降低。

但是对于不同种类的两相体系，可燃气体对粉尘爆炸压力的影响规律有所不同。比如甲烷-石松子和甲烷-聚乙烯两相体系，当石松子和聚乙烯粉尘浓度小于其爆炸最佳浓度时，任何当量浓度范围内的甲烷均可导致石松子和聚乙烯粉尘爆炸压力的升高。当石松子粉尘浓度高于或等于其爆炸最佳浓度时，浓度高于2%的甲烷将导致石松子粉尘爆炸压力的降低；当聚乙烯粉尘浓度高于或等于其爆炸最佳浓度时，浓度高于8%的甲烷可能导致聚乙烯粉尘爆炸压力的降低。而对于乙烯-石松子、乙烯-聚乙烯两种两相体系，将当量浓度范围内的可燃气体添加至不同浓度的粉尘中均能引起粉尘爆炸压力的升高。因此，可燃气体的添加不一定只引起粉尘爆炸压力的升高，还可能导致粉尘爆炸压力的降低。可燃气体对粉尘爆炸压力的影响规律与粉尘和可燃气体种类、浓度有关。

一般情况下，可燃气体和粉尘的爆炸压力主要由其爆炸过程中释放出热量决定。对于两相体系，其爆炸过程中的燃烧热 Q_{hybrid} 主要由三个部分组成：可燃气体燃烧释放出的热量 Q_{gas}、粉尘燃烧释放出的热量 Q_{dust} 和未燃粉尘吸收的热量 Q_{absorb}，即：

$$Q_{hybrid}=Q_{gas}+Q_{dust}-Q_{absorb} \tag{4-2}$$

当粉尘浓度低于其爆炸最佳浓度时，其爆炸过程属于贫燃料燃烧过程，燃烧热主要由 Q_{dust} 构成。适量可燃气体的添加一方面为燃烧提供额外燃料，释放出更多的热量 Q_{gas}；另一方面优先燃烧的可燃气体释放的热量提高粉尘热解率，导致粉尘燃烧释放出更多的热量，即 Q_{dust} 增加。两者共同作用下，两相体系燃烧热 Q_{hybrid} 明显增加，进而导致粉尘爆炸压力的明显升高。随着可燃气体浓度的升高，两相体系爆炸过程开始由贫燃料燃烧向富燃料燃烧转变。一般情况下，两相体系爆炸过程中，可燃气体优先与氧气反应，此时 Q_{gas} 进一步增加，但 Q_{dust} 却逐渐减少，且此时有一部分粉尘颗粒未参与燃烧反应，即 Q_{absorb} 开始增加。当 Q_{gas} 的增幅小于 Q_{dust} 的减幅和 Q_{absorb} 增幅之和时，两相体系的燃烧热 Q_{hybrid} 开始减少，爆炸压力开始降低。因此，粉尘爆炸压力随着可燃气体浓度的升高先升高后降低。

当粉尘浓度高于或等于其爆炸最佳浓度时，其爆炸过程属于富燃料燃烧过程，燃烧热主要由 Q_{dust} 和 Q_{absorb} 构成。添加可燃气体后，优先燃烧的可燃气体为两相体系提供额外热量 Q_{gas}，但也加剧了粉尘的不完全燃烧，导致 Q_{dust} 减少，Q_{absorb} 增加。若 Q_{gas} 的增幅大于 Q_{dust} 的减幅和 Q_{absorb} 增幅之和，则混入的可燃气体将导致粉尘爆炸压力的升高，若 Q_{gas} 的增幅小于 Q_{dust} 的减幅和 Q_{absorb} 增幅之和，则混入的可燃气体将导致粉尘爆炸压力的降低。

若可燃气体和粉尘燃烧热相当，则可燃气体的添加引起的 Q_{gas} 增幅和 Q_{dust} 减幅相当，但是 Q_{absorb} 增加，即两相体系燃烧热减少，爆炸压力降低；当可燃气体燃烧热大于粉尘燃烧热，则适量的可燃气体引起的 Q_{gas} 增幅大于 Q_{dust} 减幅和 Q_{absorb} 增幅之和，即适量的可燃气体仍将提升高浓度粉尘的爆炸压力。但是，当可燃气体浓度过高时，不完全燃烧加剧，燃烧热减少，爆炸压力提升幅度将逐渐降低，甚至导致两相体系爆炸压力低于单相粉尘爆炸压力。随着粉尘浓度的升高，粉尘在两相体系爆炸过程中的主导作用逐渐提升，两相体系爆炸压力受粉尘的影响越来越大，进而导致粉尘爆炸压力对可燃气体的敏感度逐渐降低。

4.3.2 气粉两相体系爆炸压力上升速率变化规律

图 4-7 为不同浓度石松子粉尘的爆炸压力上升速率随甲烷浓度变化规律，图中虚线为单相粉尘爆炸压力上升速率等值线。由图 4-7 可知，与爆炸压力变化规律相似，甲烷的添加可导致不同浓度石松子粉尘爆炸压力上升速率的增大，且爆炸压力上升速率随着甲烷浓度的升高先增大后减小。对于四种不同浓度的石松子粉尘，含有甲烷的两相体系爆炸压力上升速率均大于单相粉尘爆炸压力上升速率，即当量浓度范围内的甲烷均可导致粉尘爆炸压力上升速率的增大。随着石松子粉尘浓度的升高，四条变化趋势线趋于平缓，即石松子粉尘爆炸压力上升速率对甲烷的敏感度逐渐降低。

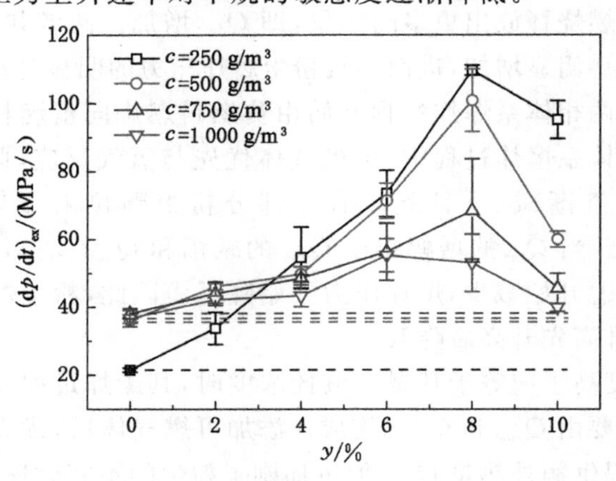

图 4-7 不同浓度石松子粉尘的爆炸压力上升速率随甲烷浓度变化规律

图 4-8 为不同浓度石松子粉尘的爆炸压力上升速率随乙烯浓度变化规律，图中虚线为单相粉尘爆炸压力上升速率等值线。由图 4-8 可知，乙烯的添加同样导致不同浓度石松子粉尘爆炸压力上升速率的增大，但增大幅度较甲烷更大。随着乙烯浓度的升高，石松子粉尘爆炸压力上升速率逐渐增大，且在当量浓度范围内并未出现降低现象，即对于四种不同浓度的石松子粉尘，当量浓度范围内的乙烯均可导致粉尘爆炸压力上升速率的增大。随着石松子粉尘浓度的升高，四条变化趋势线的斜率逐渐减小，即石松子爆炸压力上升速率对乙烯的敏感度逐渐降低。

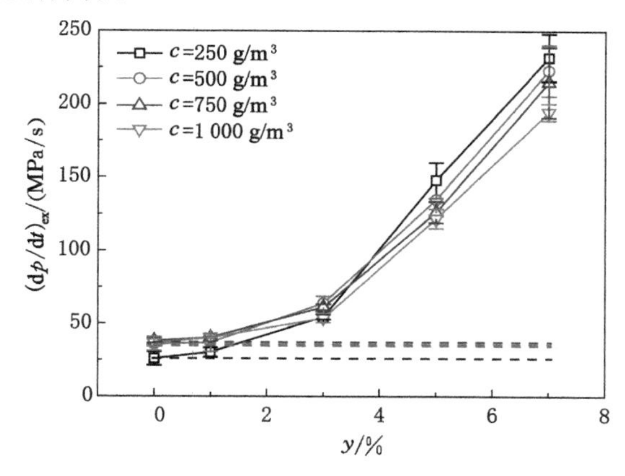

图 4-8　不同浓度石松子粉尘的爆炸压力上升速率随乙烯浓度变化规律

图 4-9 为不同浓度聚乙烯粉尘的爆炸压力上升速率随甲烷浓度变化规律，图中虚线为单相粉尘爆炸压力上升速率等值线。由图 4-9 可知，与甲烷-石松子两相体系相似，不同浓度的甲烷同样可以导致不同浓度聚乙烯粉尘爆炸压力上升速率的增大，且爆炸压力上升速率随甲烷浓度的升高先增大后减小。对于五种不同浓度的聚乙烯粉尘，当量浓度范围内的甲烷均可导致粉尘爆炸压力上升速率的增大。随着聚乙烯粉尘浓度的升高，五条变化趋势线同样趋于平缓，即聚乙烯粉尘爆炸压力上升速率对甲烷的敏感度逐渐降低。

图 4-10 为不同浓度聚乙烯粉尘的爆炸压力上升速率随乙烯浓度变化规律，图中虚线为单相粉尘爆炸压力上升速率等值线。由图 4-10 可知，乙烯能够导致聚乙烯粉尘爆炸压力上升速率的增大，且增大幅度较甲烷更大。与乙烯-石松子两相体系相似，随着乙烯浓度的升高，聚乙烯粉尘爆炸压力上升速率的增大幅度整体上逐渐增大，即当量浓度范围内的乙烯整体上可导致不同

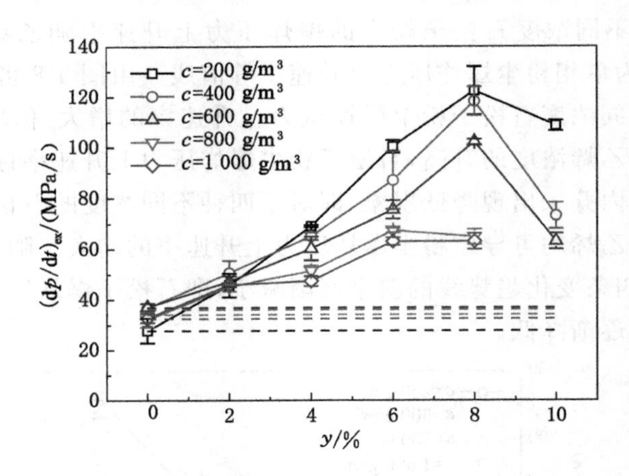

图 4-9　不同浓度聚乙烯粉尘的爆炸压力上升速率随甲烷浓度变化规律

浓度粉尘爆炸压力上升速率的增大。随着聚乙烯粉尘浓度的升高，四条变化趋势线趋于平缓，即聚乙烯粉尘爆炸压力上升速率对乙烯的敏感度逐渐降低。

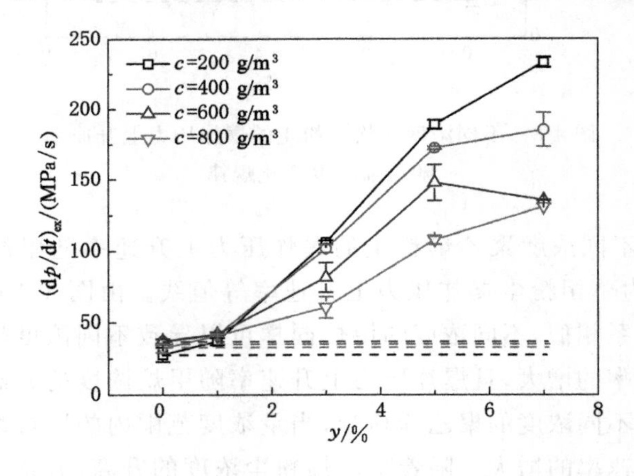

图 4-10　不同浓度聚乙烯粉尘的爆炸压力上升速率随乙烯浓度变化规律

结合上述四种两相体系爆炸压力上升速率变化规律可知，当量浓度范围内的可燃气体均可引起不同浓度粉尘爆炸压力上升速率的增大。随着粉尘浓度的升高，可燃气体引起的粉尘爆炸压力上升速率变化趋势线的斜率逐渐减小，即粉尘爆炸压力上升速率对可燃气体的敏感度逐渐降低。对于不同种类的两相体系，可燃气体对粉尘爆炸压力上升速率的影响规律也有不同之处。比如，在可燃气体当量浓度范围之内，石松子和聚乙烯粉尘爆炸压力上升速率均随甲烷浓度的升高先增大后减小，而随乙烯浓度的升高整体上逐渐增大，即当量浓度范围之内，不同可燃气体对粉尘爆炸压力上升速率的影响作用不同。

粉尘爆炸压力上升速率主要由粉尘燃烧速率控制，而粉尘的燃烧过程需要经过受热、分解、预混和引燃等过程，其中分解速率是控制粉尘燃烧速率的主要因素，只有当粉尘分解出的可燃气体达到一定浓度时才会引发燃烧反应。当两相体系中可燃气体浓度低于其爆炸下限时，两相体系爆炸压力上升速率主要由粉尘控制，可燃气体在一定程度上缩短了粉尘从分解开始至分解出的可燃气体达到一定浓度所用的时间，即在某种意义上提高了粉尘分解速率，导致粉尘燃烧速率的增大，进而增大粉尘爆炸压力上升速率；当两相体系中可燃气体浓度高于其爆炸下限时，两相体系爆炸开始由异相燃烧向均相燃烧转变，爆炸压力上升速率开始由可燃气体控制，且可燃气体的浓度越高，其控制作用越强，爆炸压力上升速率越大。随着可燃气体浓度的进一步升高，粉尘颗粒的吸热效应增强，当可燃气体浓度升高引起的热释放速率的增幅等于粉尘颗粒的吸热速率时，两相体系的爆炸压力上升速率便不再增大，若再进一步升高可燃气体浓度，两相体系爆炸压力上升速率将减小。与爆炸压力变化规律相似，两相体系中的粉尘浓度越高，粉尘在两相体系爆炸过程中的主导作用越强，爆炸压力上升速率受粉尘的影响越大。因此，随着粉尘浓度的升高，粉尘爆炸压力上升速率对可燃气体的敏感度逐渐降低。

4.3.3 气粉两相体系最大爆炸压力和爆炸指数变化规律

对不同可燃气体浓度条件下不同浓度粉尘的爆炸压力和爆炸压力上升速率进行测试，得到不同可燃气体浓度条件下粉尘爆炸压力和爆炸压力上升速率随粉尘浓度变化规律，进而获取不同可燃气体浓度条件下粉尘最大爆炸压力、爆炸指数等参数，如图 4-11～图 4-14 所示。

由图 4-11～图 4-14 可知，可燃气体的添加可导致粉尘最大爆炸压力和爆炸指数的明显增大，即粉尘中添加可燃气体可导致低浓度粉尘爆炸产生较高的爆炸强度，进而产生较大的灾害损失，提高粉尘爆炸危害性。随着可燃气体浓度的升高，粉尘最大爆炸压力和爆炸指数均逐渐提升，且爆炸指数的提升率明显大于最大爆炸压力的提升率，即可燃气体对粉尘爆炸指数的影响更为显著。

对于本书选取的四种两相体系，在含有可燃气体的条件下，粉尘的最大爆

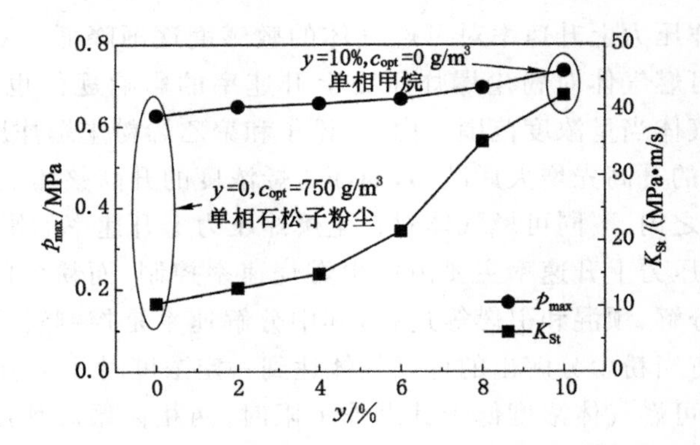

图 4-11　石松子粉尘最大爆炸压力和爆炸指数随甲烷浓度变化规律

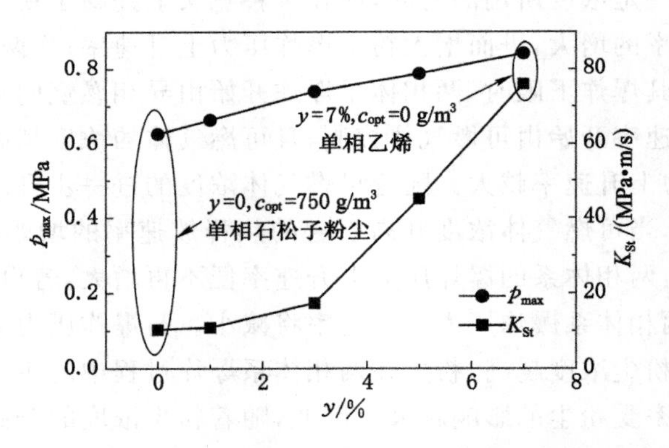

图 4-12　石松子粉尘最大爆炸压力和爆炸指数随乙烯浓度变化规律

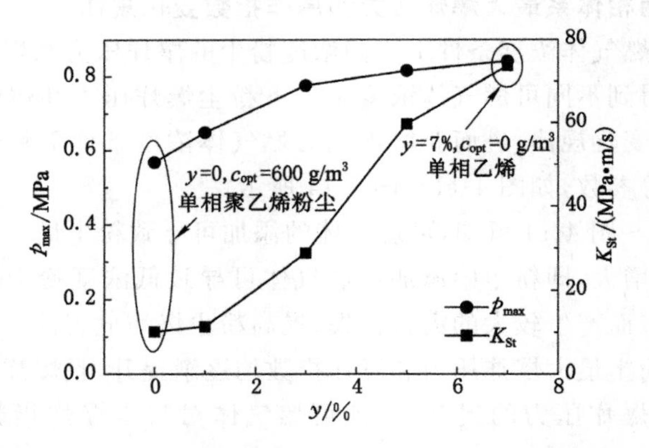

图 4-13　聚乙烯粉尘最大爆炸压力和爆炸指数随乙烯浓度变化规律

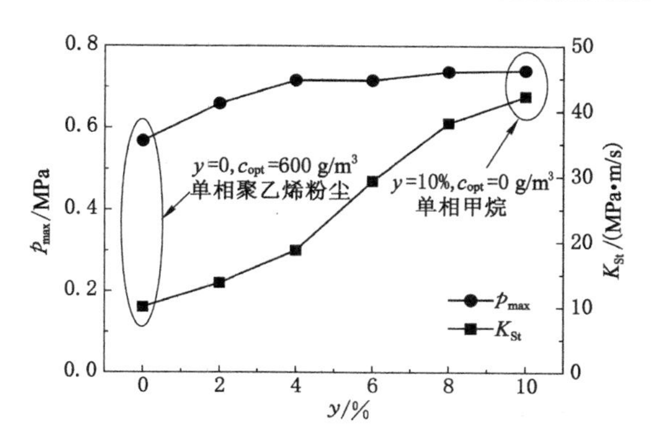

图 4-14 聚乙烯粉尘最大爆炸压力和爆炸指数随甲烷浓度变化规律

炸压力和爆炸指数均大于单相粉尘的最大爆炸压力和爆炸指数，但小于单相可燃气体的最大爆炸压力和爆炸指数，即可燃气体、两相体系、粉尘的最大爆炸压力和爆炸指数均满足如下关系：可燃气体＞两相体系＞粉尘。

爆炸指数是直接评估粉尘或可燃气体爆炸强度的重要参数，爆炸指数越大则爆炸强度越大，爆炸程度越猛烈。在粉尘爆炸强度评定中：当粉尘爆炸指数满足 $0<K_{St}<20$ 时，定性为 St1 级，爆炸较弱；当 $20\leqslant K_{St}<30$ 时，定性为 St2 级，爆炸强烈；当 $K_{St}\geqslant 30$ 时，定性为 St3 级，爆炸严重。对于不同爆炸强度级别的粉尘，应采取不同的、更具有针对性的爆炸防护措施。

表 4-4～表 4-7 分别列举了石松子和聚乙烯粉尘在不同可燃气体浓度（两相体系爆炸最佳浓度）下的爆炸指数和对应的爆炸强度级别。由表 4-4～表 4-7 可知，随着可燃气体浓度的升高，粉尘爆炸强度级别由 St1 向 St3 转变，即可燃气体的添加可导致粉尘爆炸危险等级的提升，进而提高其爆炸防护需求。

表 4-4 不同甲烷浓度下石松子粉尘爆炸强度级别

y/%	c_{opt}/(g/m³)	K_{St}/(MPa·m/s)	级别
0(单相石松子粉尘)	750	10.35	St1
2	500	12.51	St1
4	250	14.82	St1
6	150	21.35	St2
8	50	35.14	St3
10(单相甲烷)	0	42.26	St3

表 4-5 不同乙烯浓度下聚乙烯粉尘爆炸强度级别

y/%	c_{opt}/(g/m^3)	K_{St}/(MPa·m/s)	级别
0(单相聚乙烯粉尘)	600	10.09	St1
1	600	11.36	St1
3	200	28.78	St2
5	50	59.69	St3
7(单相乙烯)	0	75.97	St3

表 4-6 不同甲烷浓度下聚乙烯粉尘爆炸强度级别

y/%	c_{opt}/(g/m^3)	K_{St}/(MPa·m/s)	级别
0(单相聚乙烯粉尘)	600	10.09	St1
2	400	13.76	St1
4	200	18.77	St1
6	100	27.44	St2
8	50	38.17	St3
10(单相甲烷)	0	42.26	St3

表 4-7 不同乙烯浓度下石松子粉尘爆炸强度级别

y/%	c_{opt}/(g/m^3)	K_{St}/(MPa·m/s)	级别
0(单相石松子粉尘)	750	10.35	St1
1	750	10.96	St1
3	500	17.40	St1
5	50	45.09	St3
7(单相乙烯)	0	75.97	St3

表中同时列举了不同可燃气体浓度下粉尘爆炸最佳浓度，可以发现可燃气体的添加可以明显降低粉尘爆炸最佳浓度，且当可燃气体浓度达到爆炸最佳浓度时，粉尘爆炸最佳浓度降低为 0 g/m^3，即向该浓度的可燃气体中添加任何浓度的粉尘都将引起该浓度可燃气体爆炸强度的降低。这是因为在气体爆炸最佳浓度条件下，两相体系爆炸过程中的可燃气体优先与氧气发生反应，而粉尘颗粒则主要作为“惰性”颗粒，以吸热为主[13]。

4.3.4 可燃气体、粉尘和气粉两相体系爆炸强度大小关系讨论

爆炸指数作为界定介质爆炸强度级别的重要参数，对工业介质危险性评

估具有重要意义，准确判定可燃气体、粉尘和两相体系爆炸强度大小之间的关系将对工业安全防护产生重要影响。但是，研究人员在可燃气体、粉尘和两相体系爆炸强度大小之间的关系方面还存在分歧。

有研究人员通过实验发现两相体系具有即高于可燃气体又高于粉尘的爆炸强度。例如，Y. F. Khalil[103]在 20 L 球形爆炸容器上分别对活性炭和含有不同浓度氢气的氢气-活性炭两相体系的爆炸指数进行了测试，并对比分析了氢气、活性炭和氢气-活性炭两相体系爆炸指数大小之间的关系，得到如图 4-15 所示的氢气、活性炭以及多种不同氢气浓度下氢气-活性炭两相体系爆炸指数对比图。

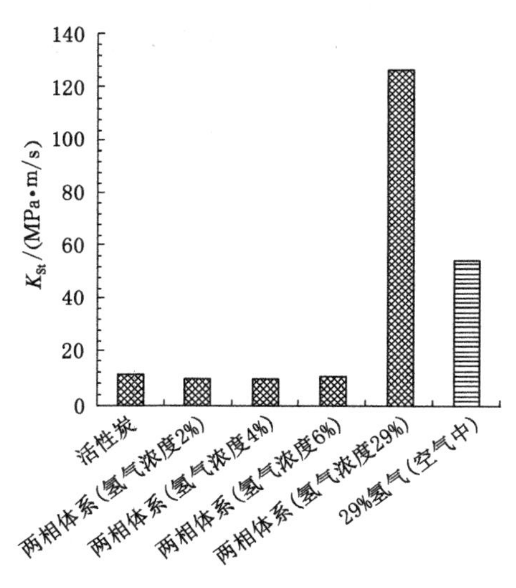

图 4-15 氢气、活性炭和不同氢气浓度下的氢气-活性炭两相体系爆炸指数[103]

由图 4-15 可知，当氢气浓度分别为 2%、4%和 6%时，两相体系和活性炭(氢气浓度为 0%时)的爆炸指数大小相当，但均小于氢气的爆炸指数；但是当氢气浓度为 29%时，两相体系的爆炸指数远大于氢气和活性炭的爆炸指数，即氢气、活性炭和氢气-活性炭两相体系爆炸指数基本满足如下关系：氢气-活性炭两相体系＞氢气＞活性炭。

但是，Y. F. Khalil 在对比时使用的氢气爆炸指数为静态条件下测量值，而两相体系和粉尘的爆炸指数均为湍流条件下测量值，而湍流条件对可燃气体的爆炸特征参数具有重要影响，特别是对爆炸指数的影响尤为显著。这是因为湍流条件使燃烧速率大大增加，导致爆炸压力上升速率明显增大，进而使爆炸指数明显增大。基于不同初始湍流条件下测量得到的可燃气体、粉尘和气粉两相体系爆炸指数来构建其大小关系是不合理、不科学的。

又如，O. Dufaud 等[33]在 20 L 球形爆炸容器中对烟酸、二异丙醚蒸气以及由它们组成的两相体系的最大爆炸压力上升速率进行了测试，并对比分析了烟酸、二异丙醚蒸气和二异丙醚蒸气-烟酸两相体系最大爆炸压力上升速率之间的关系，得到如图 4-16 所示的不同浓度配比下二异丙醚蒸气-烟酸两相体系最大爆炸压力上升速率在平面二维坐标系中的等值线分布图。

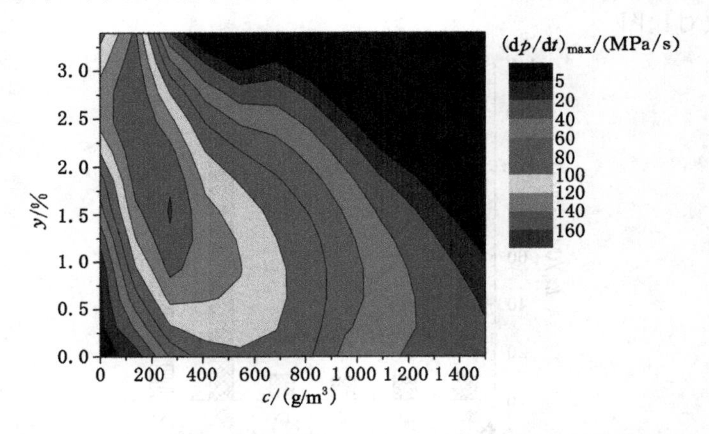

图 4-16 二异丙醚蒸气-烟酸两相体系最大爆炸压力上升速率等值线

由图 4-16 可知，当烟酸浓度为 250 g/m^3，二异丙醚蒸气浓度为 1.5%时，两相体系最大爆炸压力上升速率为 160 MPa/s，实验测得单相烟酸和二异丙醚蒸气的最大爆炸压力上升速率分别为 79 MPa/s 和 131 MPa/s，即二异丙醚蒸气、烟酸和二异丙醚蒸气-烟酸两相体系的爆炸指数大小满足如下关系：二异丙醚蒸气-烟酸两相体系＞二异丙醚蒸气＞烟酸。但是，在该实验中使用的二异丙醚蒸气最大爆炸压力上升速率同样为静态条件下测量值。

A. Garcia-Agreda 等[13]采用 20 L 球形爆炸容器在相同初始湍流条件下分别测试了甲烷、烟酸和不同浓度配比下的甲烷-烟酸两相体系的爆炸指数，并将爆炸指数值置于平面二维坐标系中，如图 4-17 所示。图中圆点面积代表爆炸指数大小，黑色实线为当量线，即黑色实线上的点对应的可燃气体和粉尘混合物刚好与空气中的氧气完全反应。由图 4-17 可知，当甲烷-烟酸两相体系浓度越靠近当量线时，两相体系爆炸指数越大，且当两相体系中甲烷浓度越高时，两相体系爆炸指数值越高。总体而言，不同浓度配比下的甲烷-烟酸两相体系爆炸指数大于单相烟酸爆炸指数，小于单相甲烷爆炸指数，即甲烷、烟酸和甲烷-烟酸两相体系的爆炸指数大小满足如下关系：甲烷>甲烷-烟酸两相体系>烟酸。

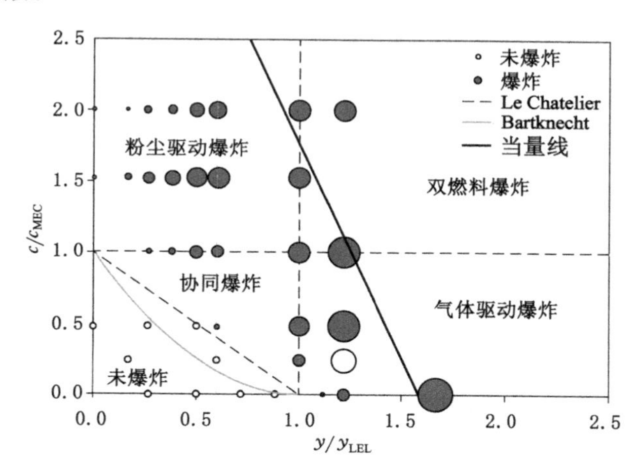

图 4-17 甲烷、烟酸和不同浓度配比下
甲烷-烟酸两相体系爆炸指数

此后，R. Sanchirico 和 A. Garcia-Agreda 等[4]还在相同初始湍流条件下对丙酮蒸气、烟酸和丙酮蒸气-烟酸两相体系的爆炸指数进行了测试，发现了与甲烷-烟酸两相体系相似的爆炸指数变化规律，即丙酮蒸气、烟酸和丙酮蒸气-烟酸两相体系的爆炸指数大小满足如下关系：丙酮蒸气>丙酮蒸气-烟酸两相体系>烟酸。

本书同样在相同初始湍流条件下对甲烷、乙烯、石松子和聚乙烯四种介质以及由它们组成的不同浓度配比的甲烷-石松子、甲烷-聚乙烯、乙烯-石松子和乙烯-聚乙烯四种两相体系爆炸指数进行了测量，结果发现在相同初始湍流条件下两相体系爆炸指数大于粉尘爆炸指数，但小于可燃气体爆炸指数。为了进一步验证湍流条件在可燃气体、粉尘和两相体系爆炸强度大小关系之间的作用，本书将两相体系的爆炸指数与静态条件下的甲烷和乙烯的爆炸指数(参见表 4-2)进行对比，结果发现静态条件下测量得到的甲烷和乙烯的爆炸指数均小于两相体系的爆炸指数。

综合上述分析可知，相同初始湍流条件下两相体系爆炸强度大于粉尘爆炸强度，但小于可燃气体爆炸强度，即可燃气体、粉尘和两相体系爆炸强度大小满足如下关系：可燃气体>两相体系>粉尘。而已有研究认为的两相体系爆炸强度既大于可燃气体爆炸强度又大于粉尘爆炸强度的原因是其在测量可燃气体爆炸强度时，未构建与测量粉尘爆炸强度时相同的湍流条件。

4.4 气粉两相体系最大爆炸压力和爆炸指数预测方法

4.4.1 最大爆炸压力预测方法

根据两相体系最大爆炸压力变化规律可知，相同初始湍流条件下，对于可燃气体最大爆炸压力高于粉尘最大爆炸压力的两相体系，其最大爆炸压力介于单相可燃气体和粉尘的最大爆炸压力之间，且随两相体系中可燃气体浓度的升高而升高。为了更好地总结和呈现两相体系最大爆炸压力变化规律，将可燃气体浓度转化为当量比，得到四种不同的两相体系最大爆炸压力随可燃气体当量比的变化规律，如图 4-18 所示。

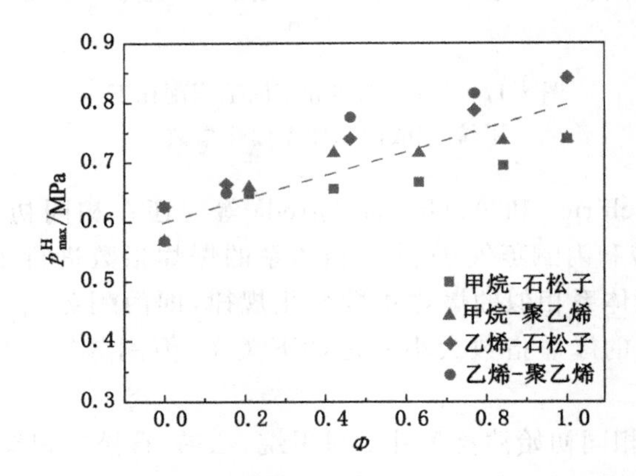

图 4-18 两相体系最大爆炸压力随可燃气体当量比变化规律

由图 4-18 可知，四种两相体系最大爆炸压力随可燃气体当量比的变化整体呈线性。对实验数据进行线性分析和拟合，得到两相体系最大爆炸压力预测模型，如下式所列：

$$p_{max}^{H} = p_{max}^{St} + (p_{max}^{G} - p_{max}^{St}) \cdot \Phi \tag{4-3}$$

式中 p_{max}^{H}——两相体系最大爆炸压力，MPa；

p_{max}^{St}——单相粉尘最大爆炸压力，MPa；

p_{max}^{G}——单相可燃气体最大爆炸压力，MPa；

Φ——两相体系中可燃气体的当量比。

对模型的可靠性进行验证，得到模型预测结果与实验结果对比图，如图 4-19 所示。由图 4-19 可知，对于乙烯-石松子两相体系，模型的预测精度较高，实验结果与预测结果基本一致。而对于甲烷-石松子、甲烷-聚乙烯和乙烯-聚乙烯两相体系，模型的预测结果有一定偏差，各体系的最大偏差分别为 0.03 MPa、0.06 MPa 和 0.08 MPa，偏差相对较小。因此，整体而言该预测模型对于本书选用的四种两相体系具有较好的适用性。

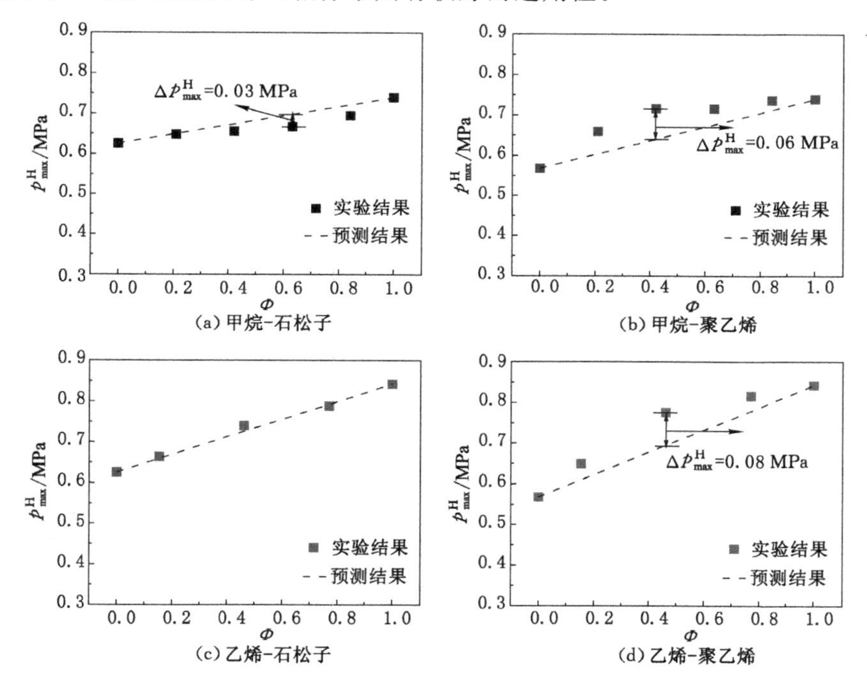

(a) 甲烷-石松子　(b) 甲烷-聚乙烯　(c) 乙烯-石松子　(d) 乙烯-聚乙烯

图 4-19　两相体系最大爆炸压力模型预测结果和实验结果对比

4.4.2　爆炸指数预测方法

根据两相体系爆炸指数变化规律可知，相同初始湍流条件下，对于可燃气体爆炸指数大于粉尘爆炸指数的两相体系，其爆炸指数介于单相可燃气体和粉尘的爆炸指数之间，且随两相体系中可燃气体浓度的升高而增大。将可燃气体浓度转化为当量比，得到四种两相体系爆炸指数随可燃气体当量比的变化规律，如图 4-20 所示。

由图 4-20 可知，四种两相体系爆炸指数随可燃气体当量比的变化趋势整体呈二次函数结构。对实验数据进行线性分析和拟合，得到两相体系爆炸指

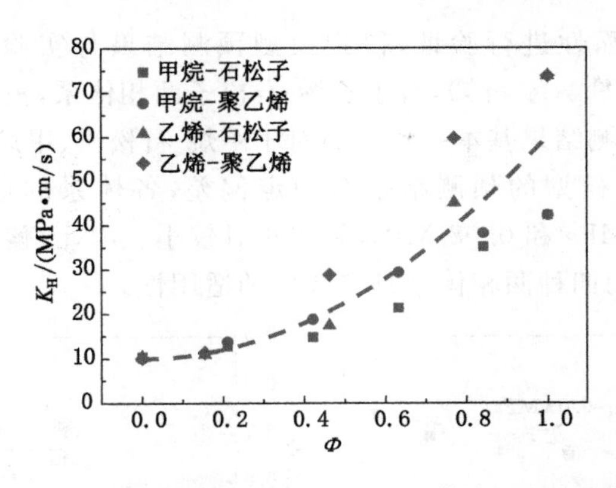

图 4-20　两相体系爆炸指数随可燃气体当量比变化规律

数预测模型，如下式所列：

$$K_H = K_{St} + (K_G - K_{St}) \cdot \Phi^2 \tag{4-4}$$

式中　K_H——两相体系爆炸指数，MPa·m/s；

K_{St}——单相粉尘爆炸指数，MPa·m/s；

K_G——单相可燃气体爆炸指数，MPa·m/s；

Φ——两相体系中可燃气体的当量比。

为了验证模型的可靠性，对比分析了模型预测结果与实验测量结果，如图 4-21 所示。由图 4-21 可知，对于甲烷-石松子和乙烯-石松子两相体系，模型的预测结果和实验结果基本一致。而对于甲烷-聚乙烯和乙烯-聚乙烯两相体系，模型的预测结果有一定偏差，最大偏差分别为 6.4 MPa·m/s 和 11.8 MPa·m/s，偏差相对较小。因此，总体而言预测模型可以用于本书选用的四种两相体系爆炸指数的预测。

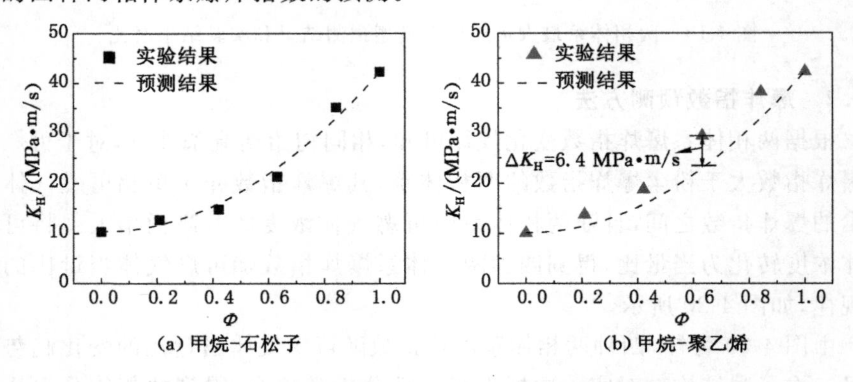

图 4-21　两相体系爆炸指数模型预测结果和实验结果对比

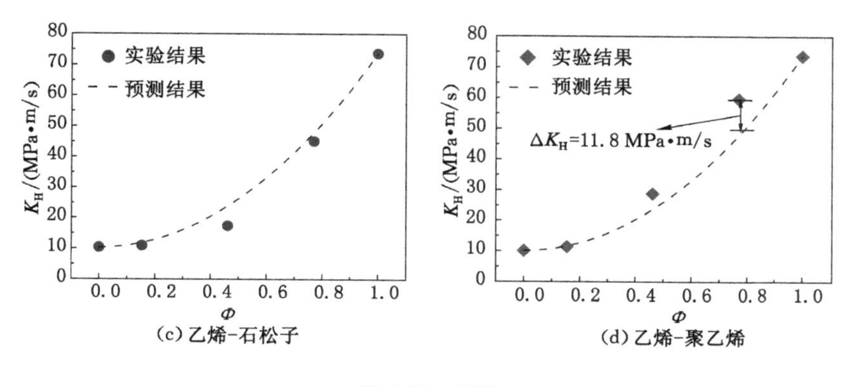

图 4-21 （续）

4.5　单相介质对气粉两相体系爆炸强度影响的差异性分析

根据前述分析可知，不同可燃气体对同一种粉尘爆炸压力、爆炸压力上升速率等参数的影响作用不同，而这些不同必然与单相介质不同的爆炸特性有关。因此，阐明单相介质对两相体系爆炸强度的影响，对于深入了解和掌握两相体系爆炸特性具有重要意义。基于此，本节将对四种两相体系爆炸强度之间的区别和联系进行对比分析，并结合单相介质物化特性，阐述单相介质爆炸特性对两相体系爆炸强度的影响。

4.5.1　可燃气体对两相体系爆炸强度影响的差异性

为了凸显可燃气体对两相体系爆炸强度影响的差异性，对两种不同种类可燃气体分别和同一种粉尘组成的两相体系爆炸强度进行了对比。为了便于对比，特将不同种类可燃气体浓度转化为当量比，通过对比相同当量比下不同种类可燃气体引起同一种粉尘爆炸压力和爆炸压力上升速率的提升幅度来展现可燃气体对两相体系爆炸强度影响的差异性。

图 4-22 为两种不同浓度石松子粉尘的爆炸压力随甲烷和乙烯当量比变化规律，图中虚线代表相应浓度下单相粉尘的爆炸压力值。由图可知，向石松子粉尘中添加甲烷和乙烯两种不同种类的可燃气体均能引起石松子粉尘爆炸压力的明显升高。当可燃气体当量比较小($0<\Phi<0.4$)时，相同当量比下甲烷和乙烯引起的石松子粉尘爆炸压力升高幅度相当；当可燃气体当量比较大($\Phi\geqslant0.4$)时，可以发现相同当量比下乙烯引起的石松子粉尘爆炸压力升高幅

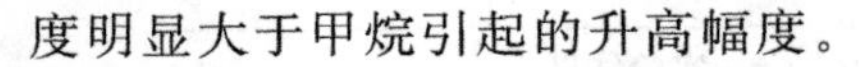
度明显大于甲烷引起的升高幅度。

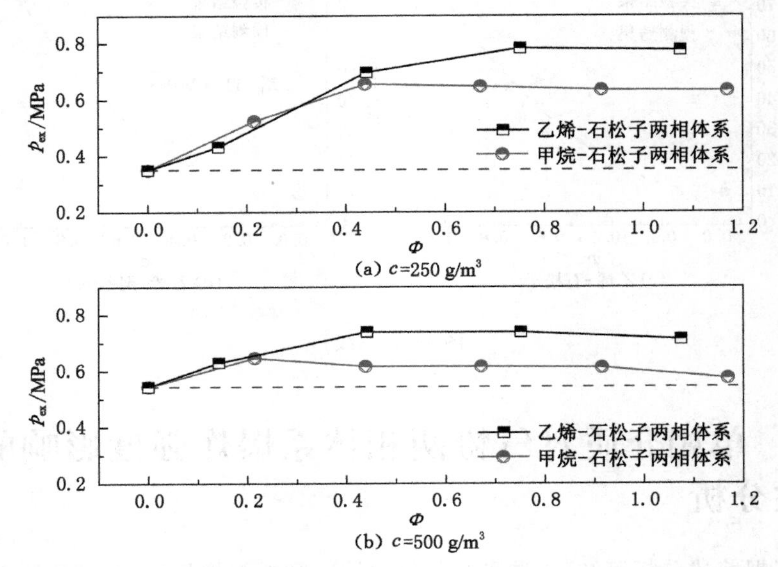

图 4-22　两种不同浓度石松子粉尘爆炸压力随甲烷和乙烯当量比变化规律

图 4-23 为两种不同浓度聚乙烯粉尘的爆炸压力随甲烷和乙烯当量比变化规律，图中虚线代表相应浓度下单相粉尘爆炸压力值。由图可知，向聚乙烯粉尘中添加甲烷和乙烯两种不同种类的可燃气体均能引起聚乙烯粉尘爆炸压力的明显升高。与石松子粉尘类似，当可燃气体当量比较小（$0<\Phi<0.4$）时，相同当量比下甲烷和乙烯引起的聚乙烯粉尘爆炸压力升高幅度相当；当可燃气体当量比较大（$\Phi\geqslant 0.4$）时，相同当量比下乙烯引起的聚乙烯粉尘爆炸压力升高幅度明显大于甲烷引起的升高幅度。

图 4-24 和图 4-25 分别为两种不同浓度的石松子和聚乙烯粉尘的爆炸压力上升速率随甲烷和乙烯当量比变化规律，图中虚线为相应浓度下单相粉尘爆炸压力上升速率值。由图 4-24 和图 4-25 可知，向同一种粉尘添加不同种类的可燃气体同样都能引起粉尘爆炸压力上升速率的增大。与爆炸压力变化规律类似，当可燃气体当量比较小（石松子粉尘取 $0<\Phi<0.4$，聚乙烯粉尘取 $0<\Phi<0.2$）时，相同当量比下不同种类可燃气体引起的粉尘爆炸压力上升速率增大幅度相当；当可燃气体当量比较大（石松子粉尘取 $\Phi\geqslant 0.4$，聚乙烯粉尘取 $\Phi\geqslant 0.2$）时，相同当量比下乙烯引起的粉尘爆炸压力上升速率增大幅度明显大于甲烷引起的增大幅度。

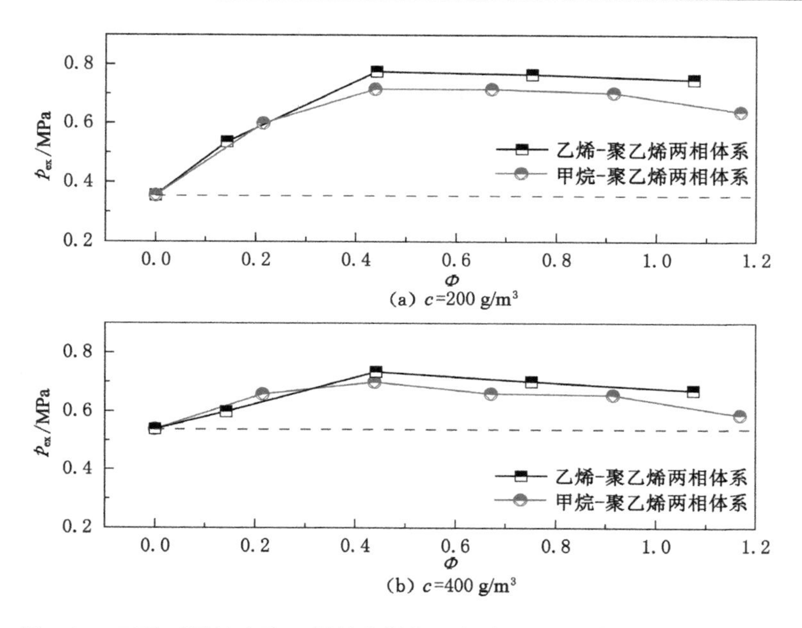

图 4-23　两种不同浓度聚乙烯粉尘爆炸压力随甲烷和乙烯当量比变化规律

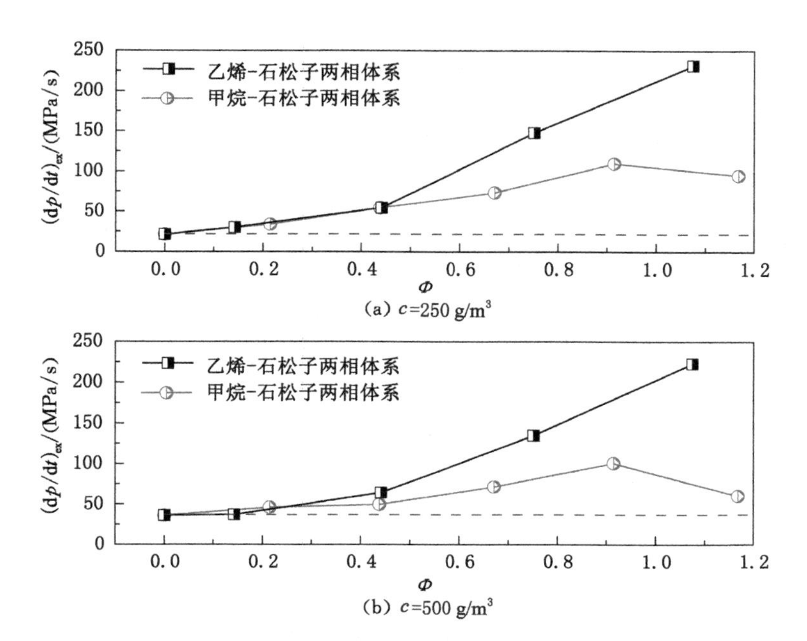

图 4-24　两种不同浓度石松子粉尘爆炸压力上升速率随甲烷和乙烯当量比变化规律

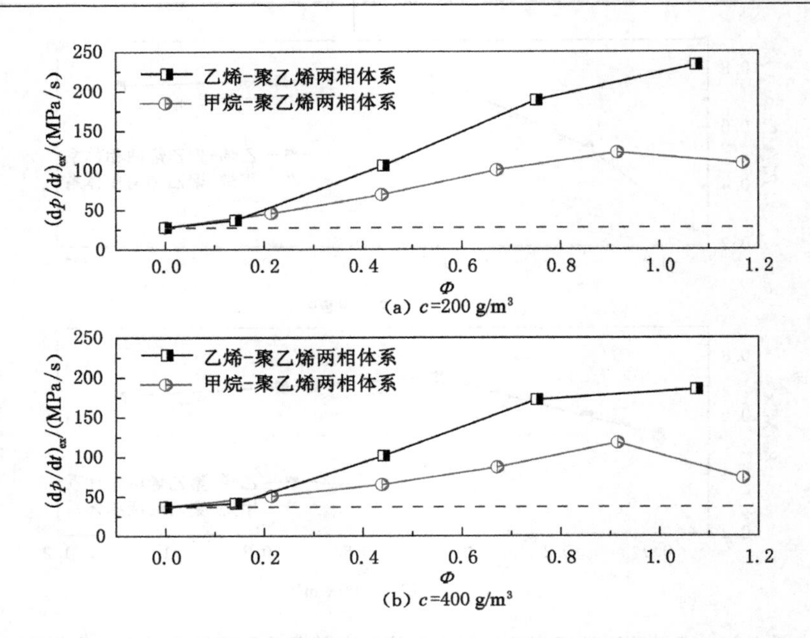

图 4-25 两种不同浓度聚乙烯粉尘爆炸压力上升速率随甲烷和乙烯当量比变化规律

因此，根据上述分析可知，甲烷和乙烯的添加均能引起石松子或聚乙烯粉尘爆炸压力和爆炸压力上升速率的提升，且当所添加的可燃气体当量比较小时，相同当量比下甲烷和乙烯引起的粉尘爆炸压力和爆炸压力上升速率的提升幅度相当。但是，当可燃气体当量比较大时，相同当量比下乙烯引起的粉尘爆炸压力和爆炸压力上升速率的提升幅度明显大于甲烷引起的提升幅度。这是因为，当可燃气体浓度较低时，两相体系爆炸特性主要由粉尘控制，因可燃气体不同而引起的两相体系爆炸特性的差异较小，难以体现。但是，当可燃气体浓度较高时，可燃气体在两相体系爆炸过程中的控制作用增强，此时反应活性以及燃烧动能更强的可燃气体在爆炸过程中燃烧速率更快，热释放更加集中、快速，燃烧释放出来的热量更多地作用于粉尘颗粒，促使粉尘更加充分地分解，提高粉尘分解率，进而引起粉尘爆炸压力和爆炸压力上升速率的大幅度提升。本书第 2 章中关于甲烷和乙烯物化特性中已经介绍，乙烯的反应活性和燃烧热均高于甲烷的反应活性和燃烧热，因此，相同当量比下乙烯将引起粉尘爆炸压力和爆炸压力上升速率更大幅度的提升。

4.5.2 粉尘对气粉两相体系爆炸强度影响的差异性

根据两相体系最大爆炸压力和爆炸指数变化规律可知，将同一种气体添加至不同的粉尘，均能引起粉尘最大爆炸压力和爆炸指数的提升。但是通过计算发现对于不同种类的粉尘，添加相同浓度的可燃气体所引起的粉尘最大爆炸压力和爆炸指数的提升率却并不相同，如图 4-26 和图 4-27 所示。

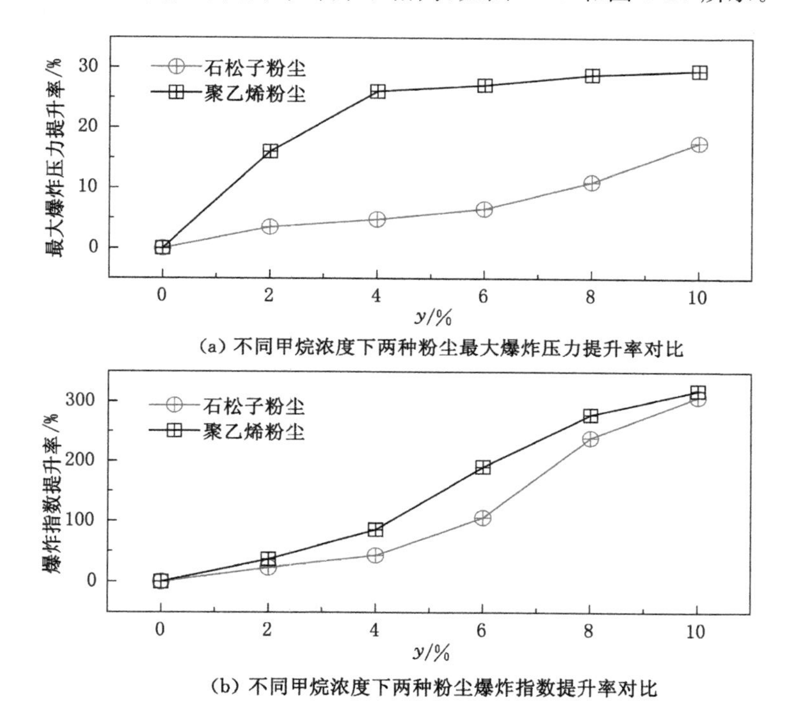

(a) 不同甲烷浓度下两种粉尘最大爆炸压力提升率对比

(b) 不同甲烷浓度下两种粉尘爆炸指数提升率对比

图 4-26　不同甲烷浓度下石松子和聚乙烯粉尘最大爆炸压力和爆炸指数提升率对比

图 4-26 和图 4-27 为不同甲烷和乙烯浓度下石松子和聚乙烯粉尘最大爆炸压力和爆炸指数提升率对比。由图 4-26 和图 4-27 可知，不同甲烷和乙烯浓度下聚乙烯粉尘最大爆炸压力和爆炸指数的提升率均高于石松子粉尘相应参数的提升率。根据单相介质爆炸强度参数变化规律可知，石松子粉尘爆炸强度高于聚乙烯粉尘爆炸强度，可以推论：可燃气体对低爆炸强度粉尘的影响更大。其他研究人员也得到过类似的发现，如 O. Dufaud 等[33]对由多种药物粉尘（硬脂酸镁、烟酸、抗生素）和多种药物溶剂（乙醇、二异丙基醚、甲苯）蒸气组成的多种两相体系最大爆炸压力和爆炸指数进行了测量，通过对比同样发现可燃气体对低爆炸强度粉尘的影响更大，但是他们未给出原因分析。

而在本书中，同一种可燃气体对不同粉尘爆炸强度的不同影响可能与粉

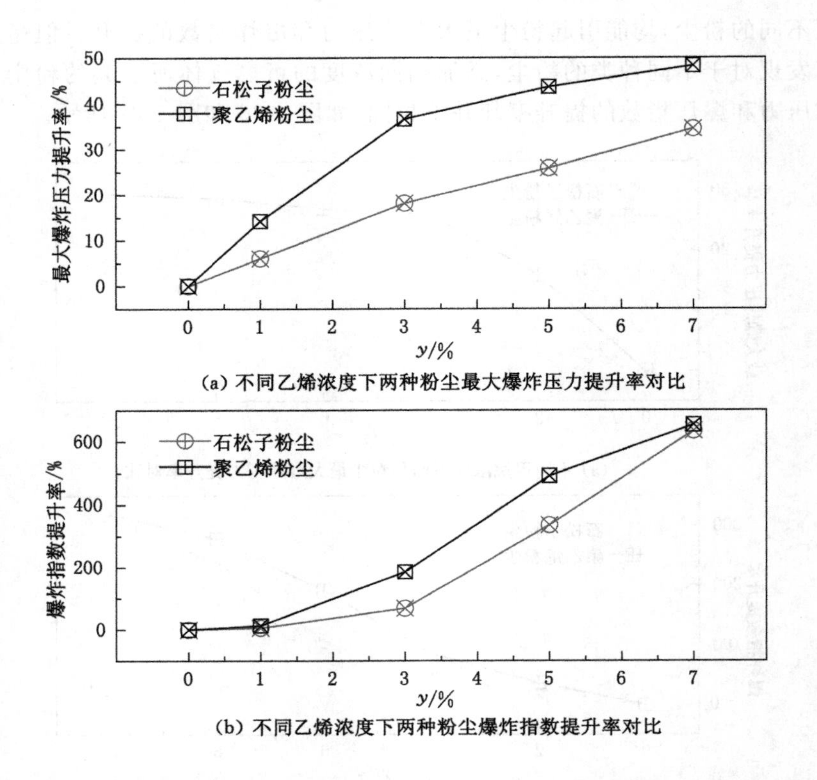

(a) 不同乙烯浓度下两种粉尘最大爆炸压力提升率对比

(b) 不同乙烯浓度下两种粉尘爆炸指数提升率对比

图 4-27　不同乙烯浓度下石松子和聚乙烯粉尘最大爆炸压力和爆炸指数提升率对比

尘的颗粒结构有关。由前文可知，本书使用的聚乙烯粉尘颗粒主要呈不规则的屑片状结构，整体分散性较差。聚乙烯粉尘颗粒容易在范德瓦耳斯力、液桥力、静电力、链缠结力等力的作用下发生团聚和结块[104]，这将导致大粒径结块体无法在爆炸过程中充分燃烧，进而导致聚乙烯粉尘的实际最大爆炸压力和爆炸指数等强度参数远小于其理论值。而可燃气体的添加，导致粉尘爆炸由异相燃烧控制向均相燃烧控制转变，使大粒径结块体在爆炸过程中燃烧更加充分，释放更多热量，大幅度提升其爆炸强度。而石松子粉尘是由形状不规则的四面体颗粒组成，具有较好的流动性和分散性，与聚乙烯粉尘相比，石松子粉尘的爆炸过程更接近于均相燃烧，燃烧更加充分，其最大爆炸压力和爆炸指数更贴近于理论值。因此，可燃气体的添加虽然能够引起石松子粉尘爆炸强度的提升，但是提升幅度却小于聚乙烯粉尘的提升幅度。

4.6　本章小结

基于20 L球形爆炸容器，在相同初始条件下对四种两相体系爆炸强度参数进行了实验测量。基于实验结果，主要分析了两相体系爆炸强度参数变化规律，探讨了可燃气体、粉尘和两相体系爆炸强度参数之间的区别和联系，并讨论了单相介质对两相体系爆炸强度影响的差异性，主要内容和结果概括如下：

(1) 研究了可燃气体对不同浓度粉尘爆炸压力的影响。对于不同浓度的粉尘，适量的可燃气体均可引起其爆炸压力的升高；当粉尘浓度超过其爆炸最佳浓度时，较高浓度可燃气体的添加将加剧粉尘不完全燃烧，导致粉尘爆炸压力的降低。随着粉尘浓度的提高，可燃气体引起的粉尘爆炸压力变化趋势线趋于平缓，即粉尘爆炸压力对可燃气体的敏感度逐渐降低。

(2) 研究了可燃气体对不同浓度粉尘爆炸压力上升速率的影响。对于不同浓度的粉尘，当量浓度范围内的可燃气体均可引起其爆炸压力上升速率的增大。随着粉尘浓度的升高，可燃气体引起粉尘爆炸压力上升速率变化趋势线的斜率逐渐减小，即粉尘爆炸压力上升速率对可燃气体的敏感度逐渐降低。

(3) 研究了可燃气体对粉尘爆炸最佳浓度、最大爆炸压力和爆炸指数的影响。可燃气体的添加可导致粉尘爆炸最佳浓度的明显降低以及最大爆炸压力和爆炸指数的明显提升，且爆炸指数的提升率明显大于最大爆炸压力的提升率，即可燃气体对粉尘爆炸指数的影响更为显著。此外，可燃气体的添加还可导致粉尘的爆炸强度级别提升，由St1向St3转变。

(4) 明确了已有研究认为的两相体系爆炸强度既大于可燃气体爆炸强度又大于粉尘爆炸强度的原因，即在测量气体爆炸强度时，未构建与测量粉尘爆炸强度时相同的湍流条件。在相同初始湍流条件下两相体系爆炸强度大于粉尘爆炸强度，但小于可燃气体爆炸强度。

(5) 根据两相体系最大爆炸压力 p_{max}^{H} 和爆炸指数 K_H 变化规律，建立了由单相介质爆炸参数（p_{max}^{G}、p_{max}^{St}、K_G、K_{St}）预测两相体系爆炸参数（p_{max}^{H}、K_H）的预测模型：

$$p_{max}^{H} = p_{max}^{St} + (p_{max}^{G} - p_{max}^{St}) \cdot \Phi$$

$$K_H = K_{St} + (K_G - K_{St}) \cdot \Phi^2$$

(6) 探讨了单相介质对两相体系爆炸强度影响的差异性，发现相同当量比条件下，高反应活性的可燃气体能够导致粉尘爆炸压力和爆炸压力上升速率更大幅度的提升。同时，可燃气体对低爆炸强度粉尘的影响更大，即可燃气体可导致低爆炸强度粉尘最大爆炸压力和爆炸指数更大幅度的提升。

5 气粉两相体系爆炸泄放特性研究

国内外学者已经开展了大量的单相可燃气体和粉尘爆炸泄放特性实验研究，而关于两相体系爆炸泄放特性的研究还鲜有报道。结合两相体系爆炸强度参数变化规律，本章将主要对两相体系爆炸泄放特性进行研究，主要分析不同泄爆口径以及不同静态动作压力下两相体系泄爆压力、泄爆火焰结构等变化规律，并分析已有爆炸泄放设计标准 NFPA 68 和 EN 14491 在本书实验工况下对两相体系的适用性，结合分析结果提出优化方案。

前述研究已经表明，不同两相体系的最大爆炸压力和爆炸指数的变化规律一致。因此，为了缩减工作量并较好地总结和呈现两相体系爆炸泄放特性，本章将选用规律性相对稳定的甲烷-石松子两相体系进行爆炸泄放特性研究。

5.1 泄爆装置静态动作压力测定

根据 NFPA 68 和 EN 14491 规定，泄爆装置的静态动作压力是指缓慢升压条件下泄爆装置的动作压力。本章所研究的两相体系爆炸泄放特性以及已有标准对两相体系的适用性均基于静态动作压力条件。因此，在开展爆炸泄放实验之前，需对实验工况下的泄爆装置静态动作压力进行测定。本实验采用聚四氟乙烯膜结合三种不同孔径的法兰盘作为泄爆装置，其静态动作压力主要由聚四氟乙烯膜层数和泄爆口径决定。为了获得与实验工况相匹配的静态动作压力值，本实验拟采用压缩空气物理超压致泄爆膜破裂的方式，在 20 L 球形爆炸容器上对不同泄爆膜层数和泄爆口径下的静态动作压力进行测定。

测定时，首先将压缩空气气瓶与 20 L 球形爆炸容器相连，通过转子流量计控制压缩空气的进气速率，缓慢向容器中充入压缩空气。同时，开启数据采集系统实时采集容器内的压力数值。当泄爆膜破裂后，停止充气。通过分析容器内压缩空气压力随时间变化曲线得到压力峰值，即为相应泄爆装置的静态动作压力值。每组实验均开展 2～4 次重复性实验。

实验测得 28 mm、40 mm 和 60 mm 三种不同泄爆口径下静态动作压力 p_{stat} 与泄爆膜层数 n 的关系如图 5-1 所示。

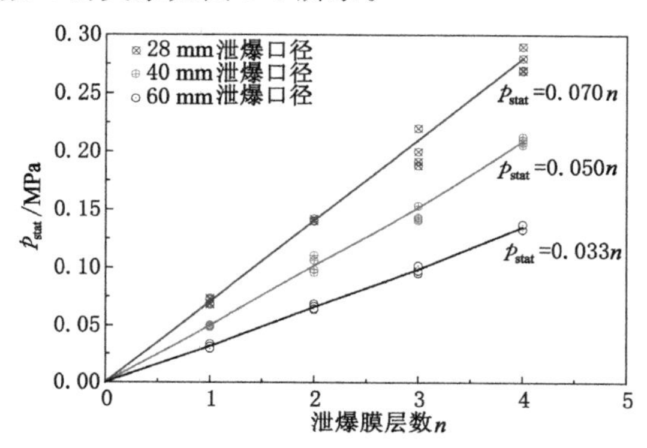

图 5-1 不同泄爆口径和泄爆膜层数下泄爆装置静态动作压力

由图 5-1 可知，实验测得的静态动作压力值具有较好的重复性，相同测试条件下的测量值与平均值之间的误差均在±5%以内。当泄爆膜层数为单层时，28 mm、40 mm、60 mm 三种不同泄爆口径下静态动作压力的平均值分别为 0.070 MPa、0.050 MPa 和 0.033 MPa。因此，在已知泄爆口径 D_v 的条件下，泄爆装置的静态动作压力 p_{stat} 可根据泄爆膜层数 n 来计算，公式如下：

① D_v＝28 mm 时，

$$p_{stat}=0.070n \tag{5-1}$$

② D_v＝40 mm 时，

$$p_{stat}=0.050n \tag{5-2}$$

③ D_v＝60 mm 时，

$$p_{stat}=0.033n \tag{5-3}$$

在后续两相体系爆炸泄放特性和已有标准适用性的研究中，将基于式(5-1)～式(5-3)计算得到的静态动作压力值进行分析和讨论。

5.2 泄爆压力变化规律

根据甲烷-石松子两相体系最大爆炸压力变化规律可知，两相体系最大爆炸压力与体系内甲烷浓度有关。为了研究不同可燃气体浓度下两相体系最大泄爆压力的变化规律，根据甲烷-石松子两相体系的最大爆炸压力和爆炸指数确定其爆炸最佳浓度组合，如表 5-1 所列。

表 5-1　甲烷-石松子两相体系爆炸特征参数

爆炸最佳浓度		p_{max} /MPa	$(dp/dt)_{max}$ /(MPa/s)	K /(MPa·m/s)
甲烷/%	石松子粉尘/(g/m³)			
0	750	0.63	38.12	10.35
2	500	0.65	46.79	12.51
4	250	0.66	54.59	14.82
6	150	0.67	78.67	21.35
8	50	0.70	129.46	35.14
10	0	0.74	155.70	42.26

使用表 5-1 中甲烷-石松子两相体系爆炸最佳浓度组合对 60 mm、40 mm 和 28 mm 三种泄爆口径下不同静态动作压力时的最大泄爆压力 p_{red} 进行了测试，得到甲烷-石松子两相体系最大泄爆压力 p_{red} 与爆炸最佳浓度组合之间的关系，如图 5-2～图 5-4 所示。

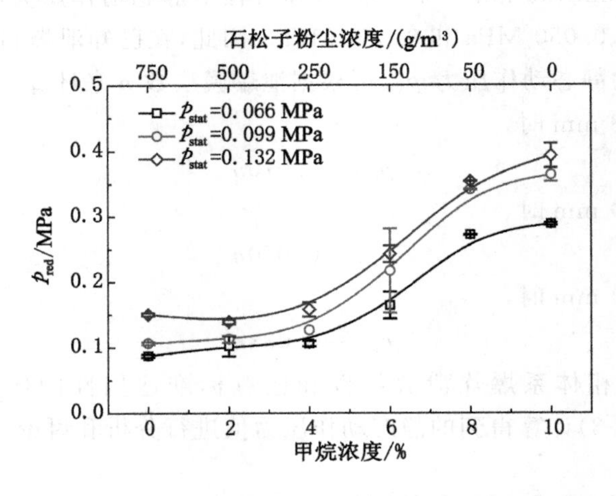

图 5-2　60 mm 泄爆口径下不同静态动作压力时两相体系最大泄爆压力与爆炸最佳浓度组合之间的关系

由图 5-2 可知，两相体系最大泄爆压力随静态动作压力的升高而升高。

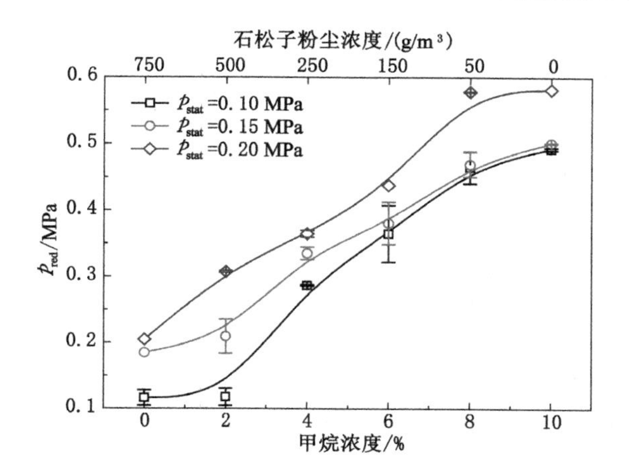

图 5-3　40 mm 泄爆口径下不同静态动作压力时两相体系最大泄爆压力与爆炸最佳浓度组合之间的关系

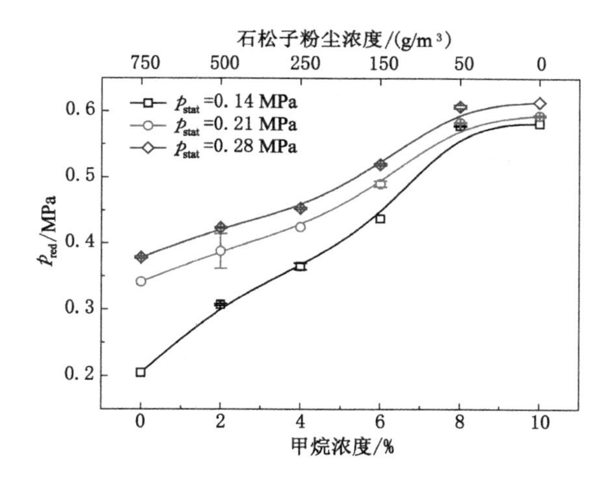

图 5-4　28 mm 泄爆口径下不同静态动作压力时两相体系最大泄爆压力与爆炸最佳浓度组合之间的关系

当甲烷浓度[①]低于 4%时，三种静态动作压力下两相体系最大泄爆压力几乎与单相石松子粉尘最大泄爆压力相等；当甲烷浓度升高到 6%时，两相体系最大泄爆压力明显升高。因此，60 mm 泄爆口径下，浓度等于或低于 4%的甲烷对

① 由于爆炸最佳浓度组合中粉尘浓度随甲烷浓度的变化而变化，为方便叙述，本部分将其表述为甲烷浓度，暗含了粉尘浓度的相应变化。

石松子粉尘最大泄爆压力影响不大，只有当浓度高于 4%时石松子粉尘最大泄爆压力才因甲烷的添加而出现明显的升高，且最大泄爆压力随着甲烷浓度的升高而升高。在此，我们定义 4%为 60 mm 泄爆口径下两相体系最大泄爆压力对甲烷的敏感浓度。这是因为甲烷浓度等于或低于 4%的两相体系爆炸过程主要由石松子粉尘控制，其爆炸过程中的燃烧速率相对较小。泄爆膜动作后，大部分未燃烧的石松子粉尘颗粒以及甲烷在高压气流的携带下从泄爆口处泄放至容器外部，进而导致两相体系最大泄爆压力相对较低，升高幅度较小。而当甲烷浓度为 6%时，两相体系爆炸开始由甲烷控制，其爆炸过程中的燃烧速率远大于单相石松子粉尘的燃烧速率，含有 6%甲烷的两相体系最大爆炸压力上升速率约为单相石松子粉尘的两倍(表 5-1)。这就导致含有 6%甲烷的两相体系在爆炸泄放过程中，有更多的粉尘颗粒以及甲烷在容器内部燃烧，进而形成较高的最大泄爆压力。

随着泄爆口径减小到 40 mm，可以发现两相体系最大泄爆压力对甲烷的敏感性显著提升。当静态动作压力为 0.10 MPa 时，含有浓度为 2%甲烷的两相体系最大泄爆压力几乎与单相石松子粉尘相等，但是当甲烷浓度升高到 4%时，两相体系最大泄爆压力明显升高，即在 40 mm 泄爆口径以及 0.10 MPa 静态动作压力条件下，两相体系最大泄爆压力对甲烷的敏感浓度由 60 mm 泄爆口径下的 4%降低至 2%。当静态动作压力增大到 0.15 MPa 和 0.20 MPa 时，可以发现含有浓度为 2%甲烷的两相体系最大泄爆压力明显高于单相石松子粉尘最大泄爆压力。结合图 5-3 可以推断在 40 mm 泄爆口径以及静态动作压力等于或高于 0.15 MPa 条件下，两相体系最大泄爆压力对甲烷的敏感浓度降低至 0%，即向石松子粉尘中添加任何浓度的甲烷都将引起石松子粉尘最大泄爆压力的明显升高。

根据上述分析可知，随着泄爆口径的减小以及静态动作压力的升高，两相体系最大泄爆压力对甲烷的敏感性逐渐增加。这是因为随着泄爆口径的减小，泄爆效率降低；随着静态动作压力的升高，两相体系在爆炸容器内停留的时间变长，爆炸泄放过程中介质燃烧更加充分。在两方面因素的共同作用下，甲烷-石松子两相体系最大泄爆压力会因泄爆口径的减小以及静态动作压力的升高而出现明显的升高。但是，对于不同浓度配比的甲烷-石松子两相体系，其最大泄爆压力的升高幅度却有所不同。表 5-2 列举了当泄爆口径由 60 mm 降低至 40 mm、静态动作压力由 0.066 MPa 升高至 0.200 MPa 时，甲烷-石松子两相体系最大泄爆压力的升高幅度。

表 5-2　甲烷-石松子两相体系最大泄爆压力升高幅度

爆炸最佳浓度		最大泄爆压力/MPa		最大泄爆压力升高幅度/MPa
甲烷/%	石松子粉尘/(g/m^3)	60 mm 泄爆口径，0.066 MPa 静态动作压力	40 mm 泄爆口径，0.200 MPa 静态动作压力	
0	750	0.087	0.205	0.118
2	500	0.102	0.307	0.205
4	250	0.106	0.364	0.258
6	150	0.164	0.438	0.274
8	50	0.272	0.578	0.306
10	0	0.289	0.582	0.293

由表 5-2 可知，随着两相体系中甲烷浓度的升高，最大泄爆压力逐渐升高。这是因为甲烷浓度的升高导致两相体系燃烧速率的增大，燃烧速率越大，最大泄爆压力越高。

进一步减小泄爆口径至 28 mm，可以发现两相体系最大泄爆压力进一步升高，两相体系最大泄爆压力对甲烷的敏感性也进一步提升。由图 5-4 可知，在 28 mm 泄爆口径下，实验选用的任何浓度的甲烷均能引起石松子粉尘最大泄爆压力的明显升高，且两相体系最大泄爆压力随甲烷浓度的升高而近乎呈现线性升高。但是，三条趋势线的斜率却随静态动作压力的升高而减小，即当泄爆口径为 28 mm 时，石松子粉尘最大泄爆压力对甲烷的敏感性随静态动作压力的升高而降低。这是因为在较小泄爆口径以及较高静态动作压力条件下，爆炸泄放过程更加接近于密闭容器爆炸，而在密闭容器中，石松子粉尘最大爆炸压力对甲烷的敏感性较低，尽管两相体系最大爆炸压力随着甲烷浓度的升高而升高，但升高幅度较小（表 5-1）。

结合图 5-2～图 5-4 三种不同泄爆口径下甲烷-石松子两相体系最大泄爆压力变化规律可知，含有不同浓度甲烷的甲烷-石松子两相体系最大泄爆压力均大于单相石松子粉尘最大泄爆压力，但均小于单相甲烷最大泄爆压力，该规律与甲烷-石松子两相体系最大爆炸压力变化规律一致。但是，相同浓度的甲烷引起石松子粉尘最大泄爆压力的升高幅度大于最大爆炸压力的升高幅度，尤其是当泄爆口径较小、静态动作压力较大时最明显。

石松子粉尘最大爆炸压力 p_{max} 和最大泄爆压力 p_{red} 提升率与爆炸最佳浓度组合之间的关系如图 5-5 所示，其中提升率通过下列公式进行计算：

① 最大泄爆压力 p_{red} 提升率

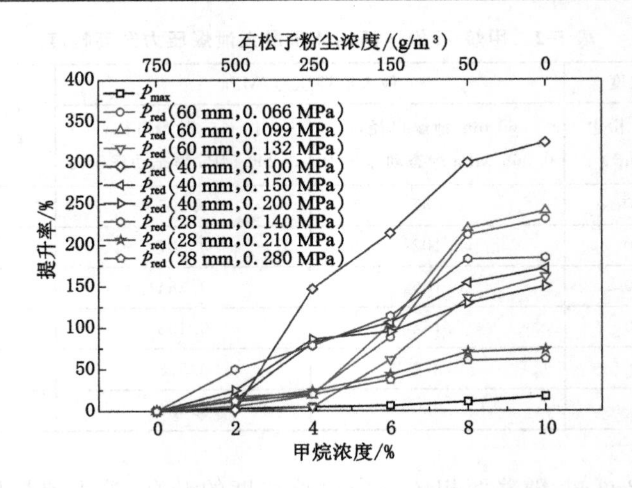

图 5-5　最大爆炸压力 p_{max} 提升率和最大泄爆压力 p_{red} 提升率对比

$$\partial_{red} = (p_{red}^{H} - p_{red}^{St})/p_{red}^{St} \times 100\% \tag{5-4}$$

② 最大爆炸压力 p_{max} 提升率

$$\partial_{max} = (p_{max}^{H} - p_{max}^{St})/p_{max}^{St} \times 100\% \tag{5-5}$$

式中　p_{red}^{St} ——石松子粉尘最大泄爆压力,MPa;

p_{red}^{H} ——甲烷-石松子两相体系最大泄爆压力,MPa;

p_{max}^{St} ——石松子粉尘最大爆炸压力,MPa;

p_{max}^{H} ——甲烷-石松子粉尘两相体系最大爆炸压力,MPa。

由图 5-5 可知,不同泄爆口径和静态动作压力条件下,甲烷导致石松子粉尘最大泄爆压力的提升率均大于最大爆炸压力的提升率,尤其是当两相体系中甲烷浓度较高时,最大泄爆压力和最大爆炸压力提升率之间的差距更为明显。

基于此,可以推论甲烷对石松子粉尘最大泄爆压力的影响高于对最大爆炸压力的影响。因此,在工业安全防护过程中不能采用可燃气体对粉尘最大爆炸压力的影响来评估其对粉尘最大泄爆压力的影响。

观察图 5-5 还可以发现,不同泄爆口径和静态动作压力下最大泄爆压力提升率之间没有明显关系,但是从图中依然可以看出存在一个临界泄爆口径和相应的临界静态动作压力,在该泄爆口径和静态动作压力下,甲烷导致石松子粉尘最大泄爆压力提升率最大,即在该泄爆口径和静态动作压力下石松子粉尘最大泄爆压力对甲烷最为敏感,小于或大于该泄爆口径和静态动作压力,敏感性均降低。由图 5-5 可知,该临界泄爆口径和静态动作压力分别为

40 mm和 0.100 MPa。

5.3 泄爆火焰结构变化规律

泄爆膜动作后,大量的未燃介质会随着高压气流排放至爆炸容器外部,一旦被引燃,就会产生火焰扩展和压力波,对周围环境造成危害。因此,了解和掌握两相体系泄爆火焰结构特征和传播规律,对于两相体系爆炸安全防护依然具有重要意义。

在实验过程中,借助高速摄像系统对不同泄爆口径、不同静态动作压力下两相体系泄爆火焰进行了拍摄。但是,通过对实验结果的处理发现,当泄爆口径相同时,不同静态动作压力条件下两相体系泄爆火焰结构特征随两相体系中甲烷浓度变化规律基本一致。为了减少叙述,本节仅从每个泄爆口径对应的三个静态动作压力中选择一个中间值作为分析对象,来对两相体系泄爆火焰结构特征和传播规律进行阐述和说明。当泄爆口径分别为 60 mm、40 mm 和 28 mm 时,选取的静态动作压力分别为 0.099 MPa、0.150 MPa 和 0.210 MPa。

泄爆膜动作后,60 mm 泄爆口径和 0.099 MPa 静态动作压力条件下不同甲烷浓度的两相体系泄爆火焰随时间变化规律如图 5-6 所示。由图 5-6 可知,泄爆膜一旦动作,火焰均将迅速从泄爆口喷出,形成喷射状火焰,且火焰长度在较短时间内即达到最大值,然后逐渐减小,直至消失。当爆炸介质为单相石松子粉尘时,泄爆口外形成了尺度较大的簇状火焰,且该簇状火焰直径明显大于泄爆口径。而对于含有 2%甲烷的两相体系,同样在泄爆口外形成了簇状火焰,但该簇状火焰直径却明显小于单相石松子粉尘形成的簇状火焰直径。随着甲烷浓度升高到 4%,簇状结构逐渐消失,转变成束状射流火焰。进一步提升甲烷浓度至 6%、8%和 10%(单相甲烷),束状射流火焰结构越来越明显,并出现欠膨胀射流和周期性筒鼓状结构。

这是因为可燃介质爆炸泄放实际上是高压流体通过泄爆口向低压空间的泄放过程。结合气体动力学知识可知,高压流体通过小孔向低压空间泄放时,泄爆口处的介质流速会随高压侧压力的升高而增大,直至泄放速率达到当地声速。此后,进一步升高高压侧压力,泄爆口泄放速率不再发生变化,该状态下的流动称为壅塞流动或临界流动,泄放开始呈现欠膨胀状态。临界状态下的燃气射流欠膨胀射流结构如图 5-7 所示,当高压、高速火焰由泄爆口射入静止大气时,由于泄爆口界面静压高于环境压力,在泄爆口两侧边缘形成欠膨胀

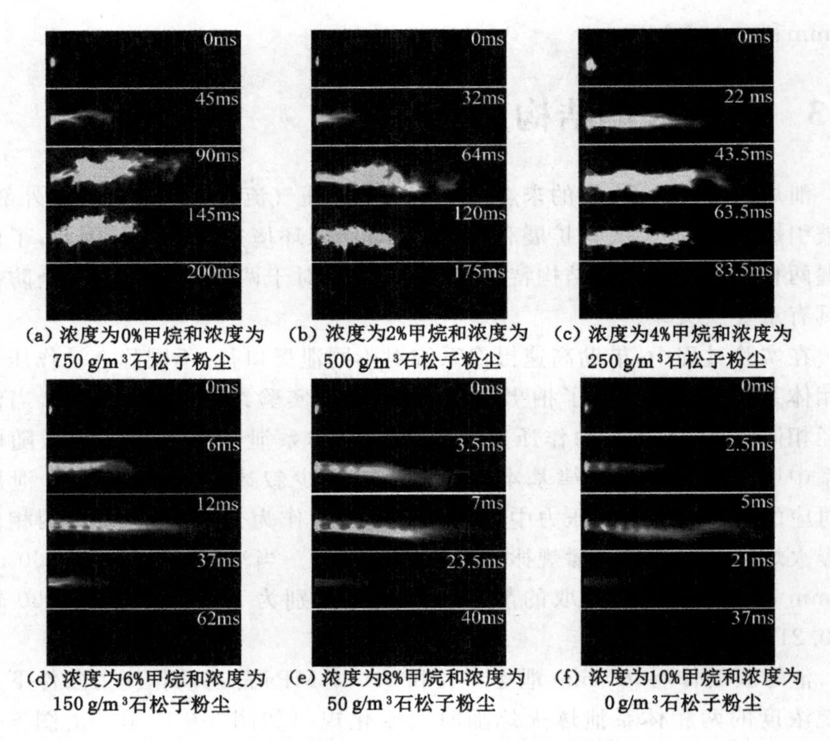

(a) 浓度为0%甲烷和浓度为750 g/m³石松子粉尘　(b) 浓度为2%甲烷和浓度为500 g/m³石松子粉尘　(c) 浓度为4%甲烷和浓度为250 g/m³石松子粉尘

(d) 浓度为6%甲烷和浓度为150 g/m³石松子粉尘　(e) 浓度为8%甲烷和浓度为50 g/m³石松子粉尘　(f) 浓度为10%甲烷和浓度为0 g/m³石松子粉尘

图 5-6　60 mm 泄爆口径和 0.099 MPa 静态动作压力条件下两相体系泄爆火焰随时间变化规律

波，对面膨胀波在轴线上相互作用后伸向射流边界，然后又反射形成压缩波，反射压缩波相交后再次汇聚，形成一个筒鼓状的波段。随后，筒鼓状波段周期性发展下去直至因湍流不稳定性及摩擦混合等因素而衰减消失。

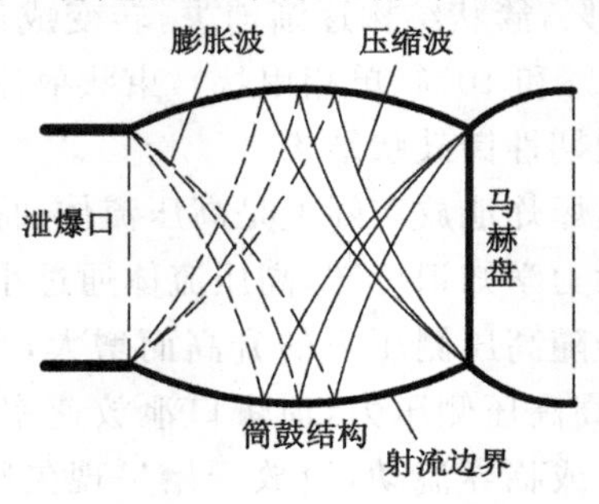

图 5-7　欠膨胀射流理论结构[105]

当爆炸介质为单相石松子粉尘时，其燃烧速率相对较小，泄爆膜动作后大量的未燃烧的粉尘颗粒随高压气流排放至容器外部并被泄放至容器外部的已燃颗粒引燃形成外部爆炸，导致大尺度簇状火焰产生。随着甲烷的添加，两相体系爆炸燃烧速率增大，更多可燃介质在容器内部燃烧，导致最大泄爆压力升高，泄放速率增大，且泄放至外部的可燃介质含量减小，进而导致泄爆口外部簇状火焰直径减小并逐渐消失，转变成为射流火焰，并逐渐形成欠膨胀射流和周期性筒鼓状结构。

由图 5-6 还可以发现，随着两相体系中甲烷浓度的升高，最大泄爆火焰长度逐渐增大，但外部火焰的持续时间却逐渐减小。具体来说，当爆炸介质中甲烷浓度为 0%（即单相石松子粉尘）时，其最大泄爆火焰长度为 883 mm，外部火焰持续时间为 200 ms。当两相体系中甲烷浓度为 2%、4%、6%和 8%时，最大泄爆火焰长度分别为 894 mm、773 mm、957 mm 和 995 mm，外部火焰持续时间分别为 175 ms、83.5 ms、62 ms 和 40 ms。而当爆炸介质中甲烷浓度为 10%（即单相甲烷）时，其最大泄爆火焰长度最大，为 1 082 mm，外部火焰持续时间最短，为 37 ms。

这是因为可燃介质泄爆火焰长度主要受泄爆膜动作后高压气流速度决定[42]，甲烷的添加导致粉尘燃烧速率的增大，提高泄爆压力，增大高压气流速度，进而导致泄爆火焰的长度增大。同时燃烧速率的增大还将导致泄放至容器外部的可燃介质含量减小，而外部火焰持续时间主要由泄放至容器外部的可燃介质含量决定[106]，泄放至外部的可燃介质含量减小导致外部火焰持续时间变短。因此，随着两相体系中甲烷浓度的升高，最大泄爆火焰长度逐渐增大，但外部火焰的持续时间却逐渐变短。

泄爆膜动作后，40 mm 泄爆口径和 0.150 MPa 静态动作压力条件下不同甲烷浓度的两相体系泄爆火焰随时间变化规律如图 5-8 所示。由图 5-8 可知，在 40 mm 泄爆口径和 0.150 MPa 静态动作压力条件下，甲烷-石松子两相体系的泄爆火焰均呈现欠膨胀射流和周期性筒鼓状结构。这是因为随着泄爆口径的减小和静态动作压力的升高，泄爆口处的介质流速增大，且很容易在泄爆口外侧形成壅塞流，导致泄爆火焰呈现欠膨胀状态。与 60 mm 泄爆口径工况相似，40 mm 泄爆口径下的最大泄爆火焰长度同样随体系中甲烷浓度的升高而增大，并在甲烷浓度为 10%（单相甲烷）时达到最大值；而外部火焰持续时间却随甲烷浓度的升高而变短，同样在甲烷浓度为 10%（单相甲烷）时降至最短。

泄爆膜动作后，28 mm 泄爆口径和 0.210 MPa 静态动作压力条件下不同甲烷浓度的两相体系泄爆火焰随时间变化规律如图 5-9 所示。与 40 mm

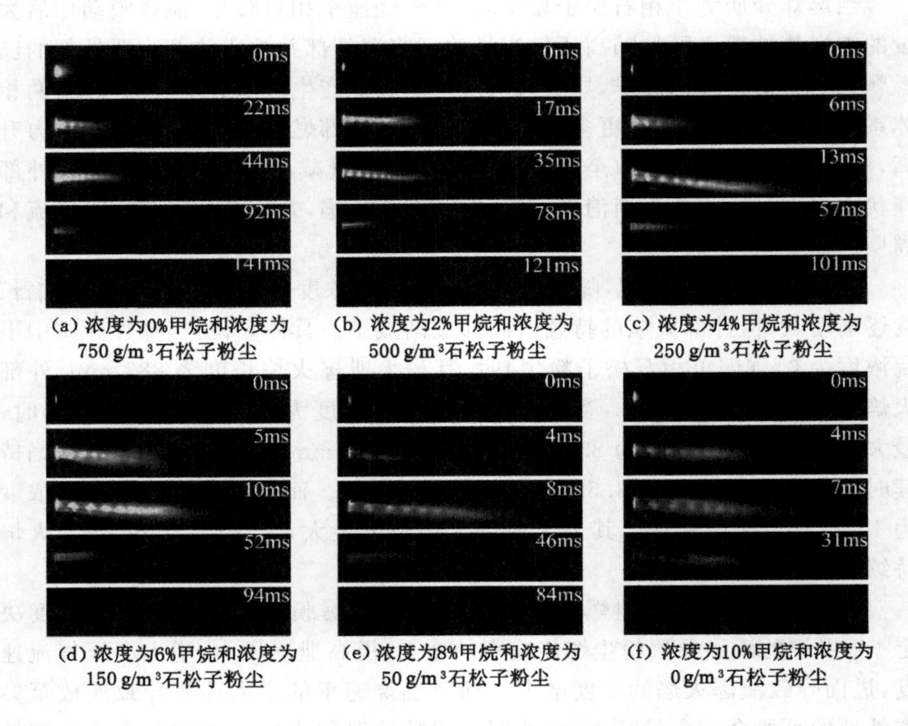

(a) 浓度为0%甲烷和浓度为750 g/m³石松子粉尘　(b) 浓度为2%甲烷和浓度为500 g/m³石松子粉尘　(c) 浓度为4%甲烷和浓度为250 g/m³石松子粉尘

(d) 浓度为6%甲烷和浓度为150 g/m³石松子粉尘　(e) 浓度为8%甲烷和浓度为50 g/m³石松子粉尘　(f) 浓度为10%甲烷和浓度为0 g/m³石松子粉尘

图 5-8　40 mm 泄爆口径和 0.150 MPa 静态动作压力条件下两相体系泄爆火焰随时间变化规律

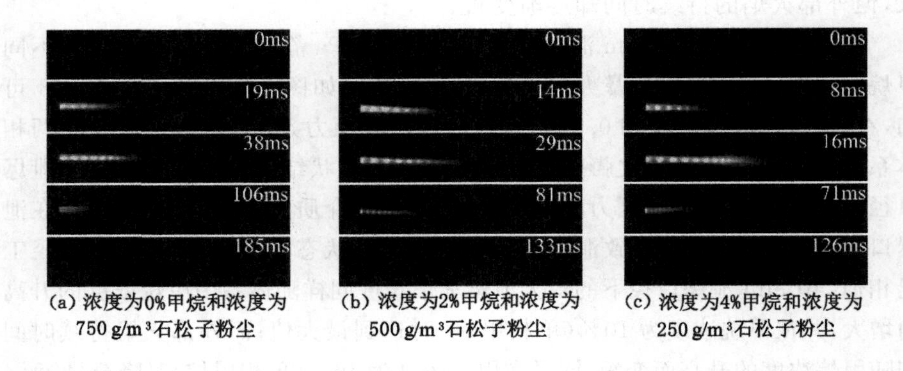

(a) 浓度为0%甲烷和浓度为750 g/m³石松子粉尘　(b) 浓度为2%甲烷和浓度为500 g/m³石松子粉尘　(c) 浓度为4%甲烷和浓度为250 g/m³石松子粉尘

图 5-9　28 mm 泄爆口径和 0.210 MPa 静态动作压力条件下两相体系泄爆火焰随时间变化规律

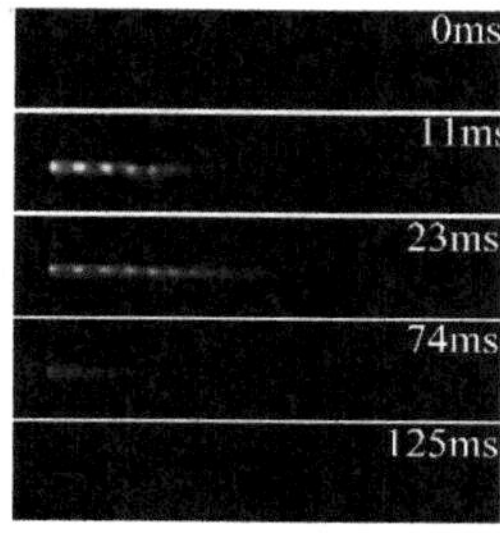

(d) 浓度为6%甲烷和浓度为150 g/m³石松子粉尘

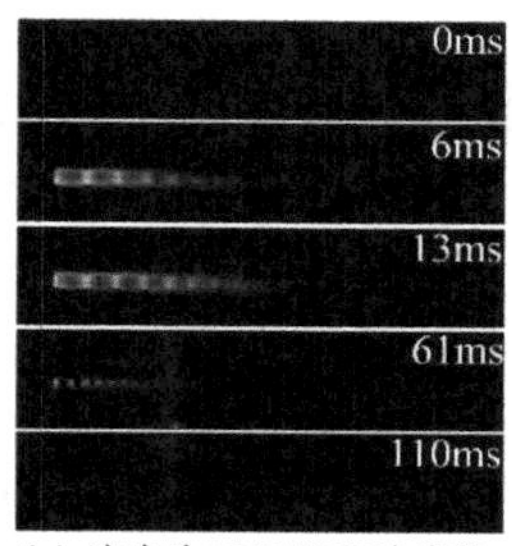

(e) 浓度为8%甲烷和浓度为50 g/m³石松子粉尘

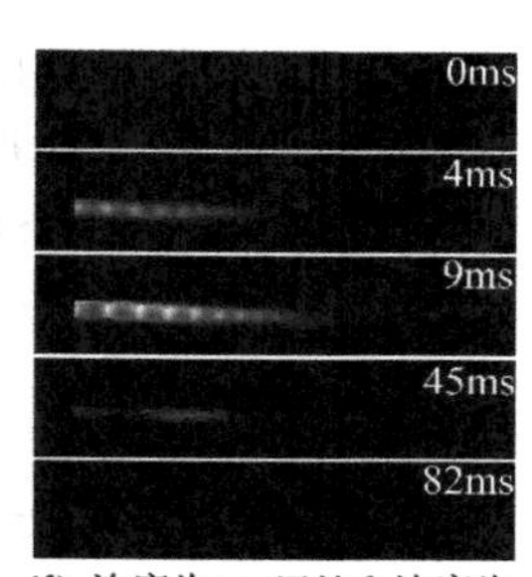

(f) 浓度为10%甲烷和浓度为0 g/m³石松子粉尘

图 5-9 (续)

泄爆口径工况相似，在 28 mm 泄爆口径下，甲烷-石松子两相体系泄爆火焰同样均呈现欠膨胀射流和周期性筒鼓状结构，最大泄爆火焰长度同样随体系中甲烷浓度的升高而增大，外部火焰持续时间却随甲烷浓度的升高而变短。

综合上述分析可知，甲烷的添加可导致石松子粉尘泄爆火焰由簇状结构向束状射流结构转变，并随着甲烷浓度的升高出现欠膨胀和周期性筒鼓状结构。同时，甲烷的添加还将导致石松子粉尘最大泄爆火焰长度增大、外部火焰持续时间变短，即甲烷-石松子两相体系最大泄爆火焰长度大于单相石松子粉尘最大泄爆火焰长度，但小于单相甲烷最大泄爆火焰长度，而外部火焰持续时间的规律与之相反。

5.4 气粉两相体系爆炸泄放设计方法探讨

前述关于两相体系爆炸强度参数的研究已经表明两相体系爆炸泄放是一种较单相可燃气体和粉尘爆炸泄放更为复杂的非定常流动过程，可燃气体的添加能够明显提升粉尘最大爆炸压力和爆炸指数，且对粉尘最大泄爆压力的影响更为显著。那么，如何指导两相体系爆炸泄放设计是我们需要关注的重要问题。

最常用的两个粉尘爆炸泄放设计指导标准 NFPA 68 和 EN 14491 均对两相体系爆炸泄放设计做了说明，并对相应特征参数取值以及适用条件做了明确规定。表 5-3 分别列举了本书的实验条件和标准规定的适用条件，由表可知，本书的实验条件与标准规定的适用条件并不完全相符，主要区别在于容器体积和静态动作压力不在标准规定的适用范围内，其中容器体积小于标准规定的适用范围，静态动作压力高于标准规定的适用范围。然而，NFPA 68 和 EN 14491 均对实际工况超出标准规定的适用条件时做了如下规定："如果上述条件中一个或多个条件不满足时，设计方法需要验证"。因此，在实验条件超出标准规定的适用条件下，讨论 NFPA 68 和 EN 14491 对两相体系适用性具有可行性[84-85]。

表 5-3　实验条件与标准 NFPA 68 和 EN 14491 规定的适用条件对比

参数	实验条件	NFPA 68	EN 14491
容器体积 V/m^3	0.02	0.10～10 000.00	0.10～10 000.00
静态动作压力 p_{stat}/bar	0.66～2.80	≤0.75	0.10～1.00
最大泄爆压力 p_{red}/bar	0.87～6.12	—	p_{stat}～2.00
最大爆炸压力 p_{max}/bar	6.3～7.4	5.0～12.0	5.0～10.0
爆炸指数 K/(bar·m/s)	103.5～422.6	10.0～800.0	10.0～800.0
大气压/bar	1.01	0.80～1.20	0.80～1.10
温度/℃	20	—	−20～60
长径比	1	1～2	1～20

注：1 bar＝10^5 Pa，下文关于压力的表述中均将采用 bar 作为单位。

本节将基于实验结果首先对 NFPA 68 和 EN 14491 规定的泄放设计方法对两相体系在小体积和高静态动作压力条件下的适用性进行验证，并对比分析两个标准在指导两相体系爆炸泄放设计时的优劣性。根据对比结果，提出两相体系爆炸泄放设计的优化方法，为更加精确地指导两相体系在小体积和高静态动作压力条件下的爆炸泄放设计提供参考和依据。

5.4.1　已有标准对气粉两相体系的适用性分析

5.4.1.1　分析思路

NFPA 68 和 EN 14491 均规定在进行两相体系泄压面积计算时采用与单相粉尘爆炸泄放相同的计算方法。其中 NFPA 68 中规定两相体系爆炸泄放设计公式如下：

$$A_{v\text{-}N} = 10^{-4}(1 + 1.54 p_{stat}^{4/3}) K \cdot V^{3/4} \sqrt{\frac{p_{max}}{p_{red}} - 1} \tag{5-6}$$

EN 14491 中规定两相体系爆炸泄放设计公式如下：

$$A_{v\text{-}E} = [3.264 \times 10^{-5} p_{max} \cdot K \cdot p_{red}^{-0.569} + 0.27(p_{stat} - 0.1) p_{red}^{-0.5}] \cdot V^{0.753} \tag{5-7}$$

式中 $A_{v\text{-}N}$——NFPA 68 计算得到的泄压面积，m^2；

$A_{v\text{-}E}$——EN 14491 计算得到的泄压面积，m^2；

p_{stat}——泄爆膜静态动作压力，bar；

K——爆炸指数，bar・m/s；

V——容器体积，m^3；

p_{max}——最大爆炸压力，bar；

p_{red}——最大泄爆压力，bar。

NFPA 68 规定当两相体系中可燃气体的体积分数小于或等于其爆炸下限的 10%时，则两相体系爆炸泄放按照粉尘爆炸泄放进行设计，计算泄压面积时采用粉尘爆炸特征参数进行计算；当两相体系中可燃气体的体积分数大于其爆炸下限的 10%时，则两相体系爆炸泄放仍按照粉尘爆炸泄放进行设计，但是在计算泄压面积时，基本爆炸特征参数（主要指最大爆炸压力和爆炸指数）应通过实验测量得到，然后将测量值应用于泄压面积的计算。

而 EN 14491 规定当两相体系中可燃气体或溶剂蒸气的体积分数小于或等于其爆炸下限的 20%，或者粉尘中可燃溶剂的质量分数小于或等于 0.5%，则两相体系爆炸泄放设计按照粉尘对待。当两相体系中可燃气体或溶剂蒸气的体积分数大于其爆炸下限的 20%，或者粉尘中可燃溶剂的质量分数大于 0.5%，两相体系爆炸泄放同样采用粉尘爆炸泄放设计方法，但计算泄压面积时两相体系的爆炸特征参数需要采用规定值，并依照粉尘爆炸危险等级和可燃气体爆炸特性进行选取。当两相体系中粉尘爆炸危险等级为 St1 或 St2 且可燃气体或溶剂蒸气的爆炸特性和丙烷相似时，两相体系的最大爆炸压力和爆炸指数需采用规定值，分别为 10 bar 和 500 bar・m/s；当粉尘爆炸危险等级为 St3（$K_{St}>300$ bar・m/s）时，设计方法需咨询相关专家；而对于一些特殊的两相体系，在进行爆炸泄放设计时需要对其爆炸特性进行测定评估后才能进行。

本书中使用的最小甲烷浓度为 2%，为甲烷爆炸下限的 40%；石松子粉尘爆炸危险等级为 St1 级。因此，在使用 NFPA 68 计算泄压面积时最大爆炸压力和爆炸指数应采用实验测量值；而在使用 EN 14491 计算泄压面积时最大爆炸压力和爆炸指数需采用规定值，分别为 10 bar 和 500 bar・m/s。

将 NFAP 68 和 EN 14491 规定采用的基本爆炸特征参数与不同静态动作压力 p_{stat}、不同实验条件下测量得到的最大泄爆压力 p_{red}（表 5-4）分别代入式(5-6)和式(5-7)中，得到分别依据 NFPA 68 和 EN 14491 计算得到的泄压面积 $A_{v\text{-}N}$ 和 $A_{v\text{-}E}$。定义依据标准得到的泄压面积计算值 $A_{v\text{-}cal}$（$A_{v\text{-}N}$ 和 $A_{v\text{-}E}$）与

泄压面积实验值 $A_{v\text{-}exp}$（$\pi \cdot D_v^2/4$）的比值 $A_{v\text{-}cal}/A_{v\text{-}exp}$ 作为无量纲参数。若 $A_{v\text{-}cal}/A_{v\text{-}exp}>1$，表示依据标准计算得到的泄压面积大于实际所需要的泄压面积，标准预测结果偏于保守；若 $A_{v\text{-}cal}/A_{v\text{-}exp}<1$，表示依据标准计算得到的泄压面积小于实际所需要的泄压面积，标准预测结果偏于危险[107-108]。

表 5-4　不同泄爆口径和静态动作压力条件下甲烷-石松子两相体系最大泄爆压力 p_{red}

泄爆口径/mm	p_{stat}/bar	p_{red}/bar					
		浓度为 0% 甲烷和浓度为 750 g/m³ 石松子粉尘	浓度为 2% 甲烷和浓度为 500 g/m³ 石松子粉尘	浓度为 4% 甲烷和浓度为 250 g/m³ 石松子粉尘	浓度为 6% 甲烷和浓度为 150 g/m³ 石松子粉尘	浓度为 8% 甲烷和浓度为 50 g/m³ 石松子粉尘	浓度为 10% 甲烷和浓度为 0 g/m³ 石松子粉尘
60	0.66	0.87	1.02	1.05	1.64	2.72	2.89
	0.99	1.07	1.13	1.27	2.17	3.42	3.64
	1.32	1.50	1.39	1.58	2.43	3.54	3.93
40	1.00	1.16	1.18	2.87	3.65	4.65	4.93
	1.50	1.85	2.10	3.35	3.81	4.69	5.01
	2.00	2.05	3.07	3.65	4.38	5.78	5.82
28	1.40	2.05	3.07	3.65	4.38	5.78	5.82
	2.10	3.42	3.89	4.25	4.90	5.83	5.94
	2.80	3.78	4.24	4.53	5.19	6.07	6.14

5.4.1.2　NFPA 68 和 EN 14491 适用性分析

图 5-10 为 60 mm 泄爆口径下不同静态动作压力条件时 $A_{v\text{-}cal}/A_{v\text{-}exp}$ 值与爆炸最佳浓度组合之间的关系。由图 5-10 可知，三种不同静态动作压力下依据 NFPA 68 计算得到的 $A_{v\text{-}N}/A_{v\text{-}exp}$ 值均随两相体系中甲烷浓度①的升高而增大，而依据 EN 14491 计算得到的 $A_{v\text{-}E}/A_{v\text{-}exp}$ 值却均随两相体系中甲烷浓度的升高而减小，即在不考虑 $A_{v\text{-}cal}/A_{v\text{-}exp}$ 值大小的前提下，随着两相体系中甲烷浓度的升高，依据 NFPA 68 得到的计算结果趋于保守，而依据 EN 14491 得到的计算结果趋于危险。

① 由于爆炸最佳浓度组合中粉尘浓度随甲烷浓度的变化而变化，为方便叙述，本部分将其表述为甲烷浓度，暗含了粉尘浓度的相应变化。

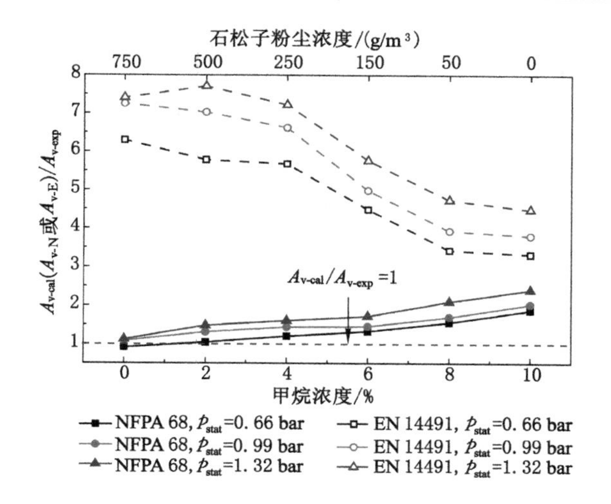

图 5-10　60 mm 泄爆口径下不同静态动作压力时 $A_{v\text{-cal}}$($A_{v\text{-N}}$或 $A_{v\text{-E}}$)/$A_{v\text{-exp}}$ 与爆炸最佳浓度组合之间的关系

当静态动作压力分别为 0.66 bar、0.99 bar 和 1.32 bar 时，不同甲烷浓度条件下的 $A_{v\text{-N}}/A_{v\text{-exp}}$ 值范围分别为 0.91～1.87、1.08～2.02、1.12～2.39，$A_{v\text{-E}}/A_{v\text{-exp}}$ 值范围分别为 3.32～6.29、3.79～7.25、4.48～7.71。由此可见，随着静态动作压力的升高，$A_{v\text{-N}}/A_{v\text{-exp}}$ 和 $A_{v\text{-E}}/A_{v\text{-exp}}$ 值整体上逐渐增大，即依据 NFPA 68 和 EN 14491 进行两相体系泄压面积计算时，静态动作压力越高计算结果越趋于保守。

在 60 mm 泄爆口径下，三种不同静态动作压力时计算得到的 $A_{v\text{-N}}/A_{v\text{-exp}}$ 值基本上全部大于 1.00，且小于 2.50。由于 NFPA 68 和 EN 14491 给出的均为经验公式，在工程实际应用时普遍认为其预测值在实际值的 50% 至 10 倍范围内已经具有较好精度[107]。因此，在 60 mm 泄爆口径下以及 0.66～1.32 bar 静态动作压力范围之内，NFPA 68 在预测气粉两相体系泄压面积时具有较高的精度，且预测值偏保守或安全。而 $A_{v\text{-E}}/A_{v\text{-exp}}$ 值均大于 3.00，且小于 8.00。虽然 EN 14491 同样可以给出较高精度且偏保守的预测值，但是与 NFPA 68相比，EN 14491 预测值相对较大，而过大的泄压面积会给容器的加工和设计以及泄爆装置设计带来额外的困难。

随着泄爆口径减小到 40 mm 以及静态动作压力增大到 2.00 bar，三种不同静态动作压力下的 $A_{v\text{-N}}/A_{v\text{-exp}}$ 和 $A_{v\text{-E}}/A_{v\text{-exp}}$ 值呈现与 60 mm 泄爆口径下相同的变化规律，即随着两相体系中甲烷浓度的升高，$A_{v\text{-N}}/A_{v\text{-exp}}$ 值逐渐增大，而

$A_{v\text{-}E}/A_{v\text{-}exp}$值逐渐减小，如图 5-11 所示。当静态动作压力分别为 1.00 bar、1.50 bar 和 2.00 bar 时，不同甲烷浓度条件下的 $A_{v\text{-}N}/A_{v\text{-}exp}$ 值范围分别为 1.79～3.16、2.22～4.42、2.71～4.46，$A_{v\text{-}E}/A_{v\text{-}exp}$ 值范围分别为 6.01～10.12、8.60～12.15、10.01～15.45，和 60 mm 泄爆口径下变化规律相同，随着静态动作压力的升高，$A_{v\text{-}N}/A_{v\text{-}exp}$ 和 $A_{v\text{-}E}/A_{v\text{-}exp}$ 值整体上逐渐增大，即静态动作压力越高，基于 NFPA 68 和 EN 14491 得到的计算结果越趋于保守。

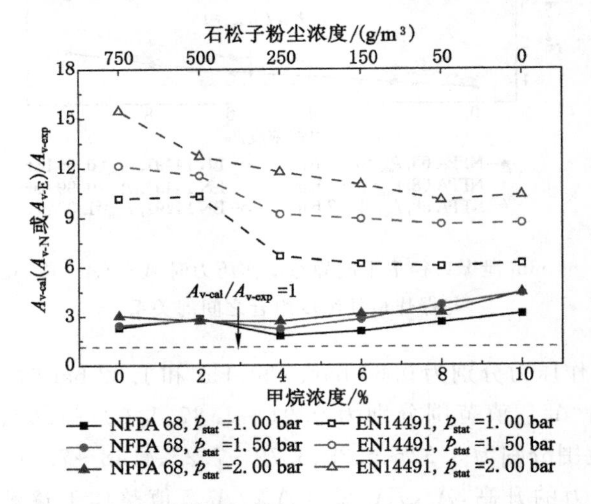

图 5-11　40 mm 泄爆口径下不同静态动作压力时 $A_{v\text{-}cal}(A_{v\text{-}N}$ 或 $A_{v\text{-}E})/A_{v\text{-}exp}$ 与爆炸最佳浓度组合之间的关系

在 40 mm 泄爆口径下，三种不同静态动作压力时计算得到的 $A_{v\text{-}N}/A_{v\text{-}exp}$ 值均大于 1.70，且小于 4.50，即在该泄爆口径下以及 1.00～2.00 bar 静态动作压力范围之内，NFPA 68 在预测气粉两相体系泄压面积时仍然具有较高的精度，且预测值偏保守或安全。但是与 60 mm 泄爆口径下相比，NFPA 68 对 40 mm 泄爆口径的预测结果更加保守。而 $A_{v\text{-}E}/A_{v\text{-}exp}$ 值均大于 6.00，且小于 16.00。虽然 EN 14491 预测值偏保守，但是预测值过大，即此时基于 EN 14491 计算得到的泄压面积远大于实际所需要的面积，这不仅会给容器加工和设计以及泄爆装置设计带来额外的困难，还可能导致计算结果无法在实际中应用。

进一步减小泄爆口径至 28 mm 以及升高静态动作压力到 2.80 bar，可以发现 $A_{v\text{-}N}/A_{v\text{-}exp}$ 和 $A_{v\text{-}E}/A_{v\text{-}exp}$ 值均进一步增大，如图 5-12 所示。与 60 mm 和 40 mm 泄爆口径下变化规律相同，$A_{v\text{-}N}/A_{v\text{-}exp}$ 值整体上随甲烷浓度的升高而增大，$A_{v\text{-}E}/A_{v\text{-}exp}$ 值整体上随甲烷浓度的升高而减小，$A_{v\text{-}N}/A_{v\text{-}exp}$ 和 $A_{v\text{-}E}/A_{v\text{-}exp}$ 值

均随静态动作压力的升高而增大。

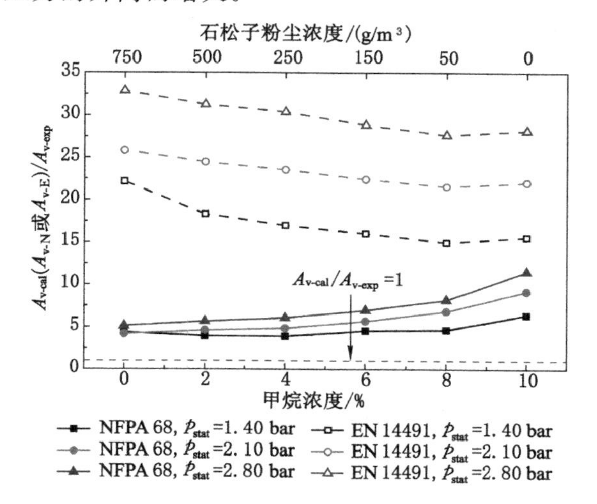

图 5-12　28 mm 泄爆口径下不同静态动作压力时 A_{v-cal}（A_{v-N}或 A_{v-E}）/A_{v-exp} 与爆炸最佳浓度组合之间的关系

在 28 mm 泄爆口径下，三种不同静态动作压力时计算得到的 A_{v-N}/A_{v-exp} 值均大于 4.00，且小于 11.50，即在该泄爆口径下以及 1.40～2.80 bar 静态动作压力范围之内，NFPA 68 在预测气粉两相体系泄压面积时仍然具较高的精度，但是与 60 mm 和 40 mm 泄爆口径相比，该口径下的预测值更加保守。而 A_{v-E}/A_{v-exp} 值均大于 15.00，且小于 33.00，即此时基于 EN 14491 计算得到的预测值过大，以至于导致不必要的开销或甚至无法在实际中应用。

综合上述分析可知，在本书实验条件下，基于 NFPA 68 和 EN 14491 得到的预测值均偏于保守或安全，且随着泄爆口径的减小和静态动作压力的升高，预测值更加趋于保守。在不考虑预测值大小的前提下，随着两相体系中甲烷浓度的升高，NFPA 68 预测值逐渐增大，趋于保守；但 EN 14491 预测值却逐渐减小，趋于危险。在 60 mm、40 mm 和 28 mm 三种不同泄爆口径下，NFPA 68均能给出较高精度的预测值，而 EN 14491 仅对 60 mm 泄爆口径具有一定适用性，当其用于 40 mm 和 28 mm 口径时，预测值均过大，适用性较差。相同泄放条件下，基于 NFPA 68 计算得到的泄压面积小于基于 EN 14491计算得到的泄压面积。

5.4.1.3　进一步讨论

根据 NFPA 68 规定，当两相体系爆炸特征参数无法通过实验测量时，其爆炸特征参数可结合两相体系中的可燃气体和粉尘组分来确定。当两相体系中的可燃气体燃烧速率小于或等于丙烷的 1.3 倍且粉尘爆炸危险等级为 St1 和 St2 时，规定其最大爆炸压力 p_{max}^{H} 为 10 bar、爆炸指数 K_H 为 500 bar·m/s。本书使用的甲烷燃烧速率小于丙烷的 1.3 倍，石松子粉尘爆炸危险等级为 St1 级。如果本书无法通过实验的方法测量甲烷-石松子两相体系爆炸特征参数，则根据 NFPA 68 规定，需要将 $p_{max}^{H}=10$ bar、$K_H=500$ bar·m/s 用于两相体系泄压面积的计算，那么基于规定的爆炸特征参数和实验测量值计算得到的泄压面积是否有区别，需要进一步讨论。

而 EN 14491 规定，需要将 $p_{max}^{H}=10$ bar、$K_H=500$ bar·m/s 用于两相体系泄压面积的计算，而如果将实验测得的两相体系爆炸特征参数应用于 EN 14491 来计算两相体系泄压面积，是否能够获得更高精度的预测结果，也需要进一步讨论。

根据 NFPA 68 的计算方法，分别采用实验测量得到的爆炸特征参数和规定的爆炸特征参数计算得到的 $A_{v\text{-}N}/A_{v\text{-}exp}$ 值对比情况如图 5-13 所示。由图 5-13可知，对于三种不同的泄爆口径，采用规定的爆炸特征参数计算得到的 $A_{v\text{-}N}/A_{v\text{-}exp}$ 值均比采用实验测量值计算得到的 $A_{v\text{-}N}/A_{v\text{-}exp}$ 值大。前述研究已经表明，采用实验测量的爆炸特征参数计算得到的泄压面积已经大于实际需要值，偏于保守。那么，对于采用规定的爆炸特征参数计算得到的泄压面积将更加偏于保守。因此，若依据 NFPA 68 进行两相体系泄压面积预测，采用实验测量得到的爆炸特征参数进行计算将得到更为精确的预测结果。

根据 EN 14491 的计算方法，分别采用实验测量得到的爆炸特征参数和规定的爆炸特征参数计算得到的 $A_{v\text{-}E}/A_{v\text{-}exp}$ 值对比情况如图 5-14 所示。由图 5-14可知，对于三种不同的泄爆口径，采用规定的爆炸特征参数计算得到的 $A_{v\text{-}E}/A_{v\text{-}exp}$ 值均比采用实验测量得到的爆炸特征参数计算得到的 $A_{v\text{-}E}/A_{v\text{-}exp}$ 值大。前述研究已经表明，采用规定的爆炸特征参数计算得到的泄压面积远大于实际需要值，尤其是当泄爆口径较小、静态动作压力较高时差别更大。那么，对于 EN 14491 来说，采用实验测量得到的爆炸特征参数进行计算同样将得到更为精确的预测结果。

但是，对比图 5-13 和图 5-14 可知，即使两种标准均采用实验测量得到的爆炸特征参数进行泄压面积计算，但基于 EN 14491 得到的计算结果远大于基于 NFPA 68 得到的计算结果。因此，总体而言在进行气粉两相体系爆炸泄放设计时，基于 NFPA 68 进行泄压面积计算是更好的选择。

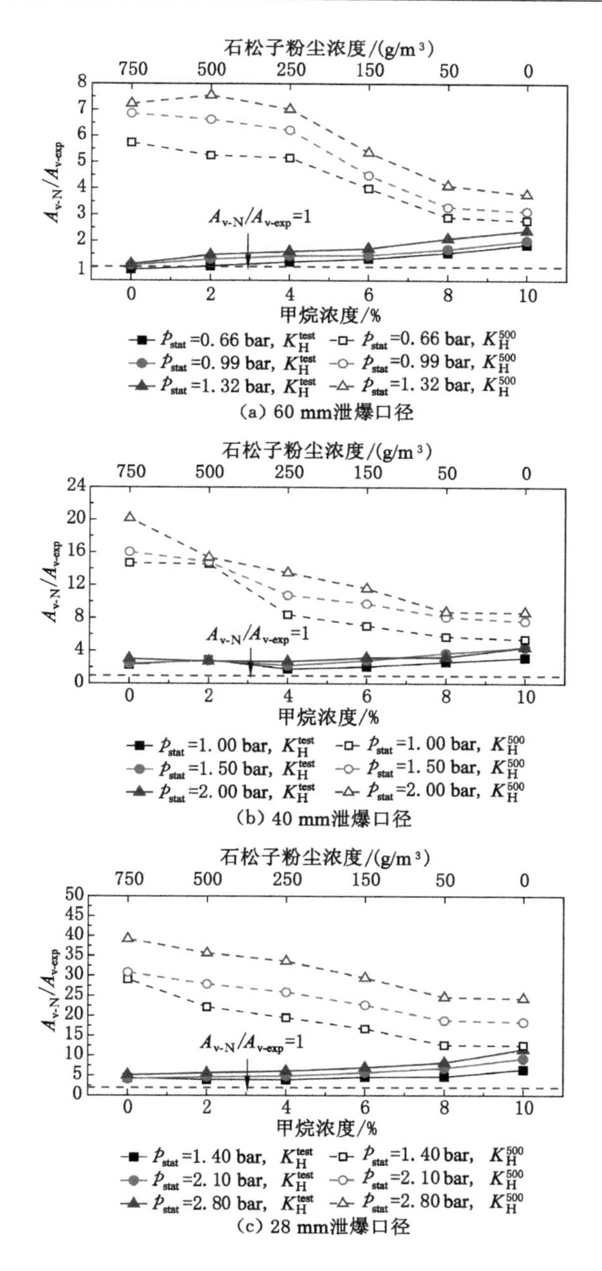

图 5-13 根据 NFPA 68 分别采用实验测量值和规定值计算得到的 A_{v-N}/A_{v-exp} 值对比情况

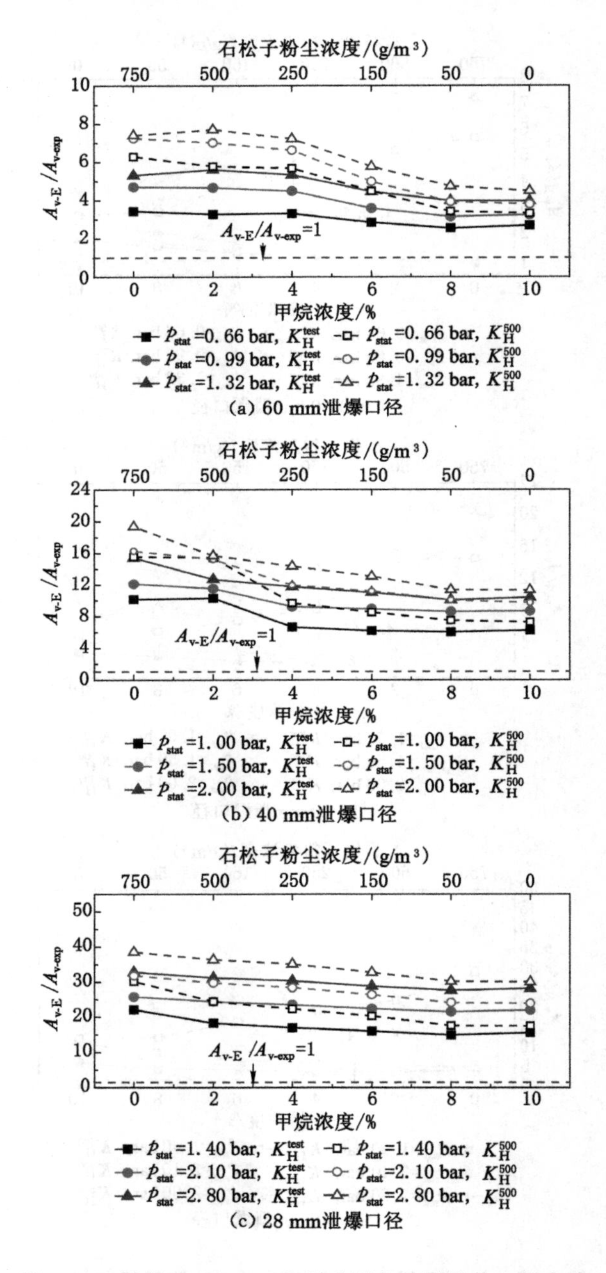

图 5-14　根据 EN 14491 分别采用实验测量值和规定值计算得到的 A_{v-E}/A_{v-exp} 值对比情况

5.4.2 气粉两相体系爆炸泄放设计方法的优化

根据 NFPA 68 和 EN 14491 对两相体系爆炸泄放设计的适用性分析可知，在进行两相体系爆炸泄放设计时，NFPA 68 比 EN 14491 更具适用性，且对于本书选用的 60 mm、40 mm 和 28 mm 三种不同泄爆口径，NFPA 68 均能给出较好的预测结果，但是该预测结果需要以测量得到的两相体系最大爆炸压力和爆炸指数为基础。

然而，在实际应用过程中，工作人员常常不具备测量条件。即使具备测量条件，对不同可燃气体浓度下的两相体系最大爆炸压力和爆炸指数进行测量，工作量较大，也会给两相体系爆炸泄放设计带来困难。根据 NFPA 68 规定，当两相体系爆炸特征参数无法通过实验测量时，可采用规定值(一般情况下取 $p_{max}^{H}=10$ bar、$K_{H}=500$ bar · m/s)进行计算。但是通过前述分析可知，采用规定值计算得到的设计精度远小于采用实验测量值计算得到的设计精度。

为了优化两相体系爆炸泄放设计方法，并提高设计精度，本书将两相体系最大爆炸压力和爆炸指数预测模型与 NFPA 68 中的粉尘泄压面积计算公式相结合，得到两相体系泄压面积计算优化公式，如下式所列：

$$A_{v}^{H}=10^{-4}(1+1.54p_{stat}^{4/3})[K_{St}+(K_{G}-K_{St})\cdot\Phi^{2}]\cdot V^{3/4}\sqrt{\frac{p_{max}^{St}+(p_{max}^{G}-p_{max}^{St})\cdot\Phi}{p_{red}^{H}}-1} \tag{5-8}$$

式中 A_{v}^{H} ——两相体系泄压面积，m^{2}；
p_{max}^{St} ——粉尘最大爆炸压力，bar；
p_{max}^{G} ——可燃气体最大爆炸压力，bar；
K_{St} ——粉尘爆炸指数，bar · m/s；
K_{G} ——可燃气体爆炸指数，bar · m/s；
p_{stat} ——泄爆膜静态动作压力，bar；
p_{red}^{H} ——两相体系最大泄爆压力，bar；
Φ ——两相体系中可燃气体的当量比；
V ——容器体积，m^{3}。

该优化公式关联了可燃气体和粉尘的最大爆炸压力、爆炸指数以及可燃气体当量比，在实际应用过程中只需要获取可燃气体和粉尘的最大爆炸压力、爆炸指数以及可燃气体当量比即可开展泄放设计，这将大大减小设计人员的工作量，并提高设计精度。

5.5 本章小结

基于 20 L 球形爆炸容器，对多种不同泄爆口径和不同静态动作压力下的两相体系爆炸泄放特性进行了研究。重点讨论了两相体系爆炸最大泄爆压力、泄爆火焰结构随泄爆口径、静态动作压力以及爆炸最佳浓度组合变化规律，并在实验条件超出标准适用范围的条件下，对比分析了 NFPA 68 和 EN 14491对两相体系爆炸泄放设计的适用性，并优化了两相体系泄压面积计算公式，具体结论如下：

(1) 甲烷的添加能够导致石松子粉尘最大泄爆压力的升高，且粉尘最大泄爆压力对甲烷的敏感性随着泄爆口径的减小以及静态动作压力的升高而增加。

(2) 与最大爆炸压力变化规律相同，不同泄爆口径和静态动作压力条件下甲烷-石松子两相体系最大泄爆压力高于单相石松子粉尘最大泄爆压力，低于单相甲烷最大泄爆压力。但是，甲烷导致石松子粉尘最大泄爆压力的提升率大于最大爆炸压力的提升率，即甲烷对石松子粉尘最大泄爆压力的影响更为显著。

(3) 存在一个临界泄爆口径和相应的静态动作压力，在该泄爆口径和静态动作压力工况下甲烷导致石松子粉尘最大泄爆压力的提升率最大，小于或大于该泄爆口径和静态动作压力时，其最大泄爆压力的提升率都将减小。

(4) 甲烷的添加可导致石松子粉尘泄爆火焰由簇状结构向束状射流结构转变，并随着甲烷浓度的升高出现欠膨胀和周期性筒鼓状结构。同时，甲烷的添加还将导致石松子粉尘最大泄爆火焰长度增大、外部火焰持续时间变短。

(5) 在小体积和高静态动作压力下，NFPA 68 和 EN 14491 在用于两相体系爆炸泄放设计时，均能给予偏于保守或安全的预测结果，且随着泄爆口径的减小和静态动作压力的升高，预测结果更加趋于保守。相同泄爆口径和静态动作压力条件下，基于 NFPA 68 计算得到的泄压面积小于基于 EN 14491 计算得到的泄压面积。

(6) 对于 NFPA 68 和 EN 14491，使用实验测量得到的爆炸特征参数进行泄压面积计算将得到更为精确的预测结果。但是根据本书实验结果，无论采用实验测量值还是规定值，NFPA 68 均能给出更为精确的预测结果，即 NFPA 68 更适用于两相体系爆炸泄放设计。

(7) 结合两相体系最大爆炸压力和爆炸指数预测模型，优化了 NFPA 68 中的两相体系泄压面积计算公式。该优化公式关联了可燃气体和粉尘的最大爆炸压力、爆炸指数以及可燃气体当量比，在实际应用过程中可以提高设计效率和精度。

6　结论与展望

6.1　结　　论

本书采用实验与理论相结合的方法，研究了两相体系爆炸及泄放特性，其中主要探讨了两相体系爆炸特征参数变化规律，对比分析了可燃气体、粉尘和两相体系爆炸特征参数之间的区别和联系，研究了不同泄爆口径和静态动作压力下两相体系最大泄爆压力、泄爆火焰结构等变化规律，并基于实验结果分析了已有的爆炸泄放设计指导标准对两相体系爆炸泄放设计的适用性。主要结论如下：

（1）可燃气体的添加可以明显降低粉尘的最小爆炸浓度，即低于爆炸下限的可燃气体与低于最小爆炸浓度的粉尘混合之后仍然具有爆炸危险性，且两相体系中可燃气体反应活性越高，粉尘越容易受热分解，其爆炸危险性越高。基于此，定义了一个定量评估两相体系爆炸危险性大小的参数——极限因子，并建立了一个关联可燃气体和粉尘最大爆炸压力（p_{max}^{G}、p_{max}^{St}）和爆炸指数（K_G、K_{St}）的极限因子计算方法：

$$\eta = 5.12 \times 10^{-7} \times e^{\frac{(p_{max}^{G}+p_{max}^{St})^{2}\cdot \lg(K_G+K_{St})}{0.34}} + 1.14$$

（2）Le Chatelier、Bartknecht 和 Jiang 三种模型均不能准确预测本书选用的四种两相体系爆炸下限。根据本书实验结果建立了关联极限因子 η 的爆炸下限预测新模型：

$$\frac{c}{c_{MEC}} = \left(1 - \frac{y}{y_{LEL}}\right)^{\eta}$$

（3）对于不同浓度的粉尘，适量的可燃气体可引起其爆炸压力的升高；当粉尘浓度超过其爆炸最佳浓度时，较高浓度可燃气体的添加将加剧粉尘不完全燃烧，导致粉尘爆炸压力的降低；对于不同浓度粉尘的爆炸压力上升速率，当量浓度范围内的可燃气体均可导致其增大。随着粉尘浓度的升高,可燃气体引起粉尘爆炸压力和爆炸压力上升速率的变化趋势线均趋于平缓或斜率减小。

(4) 可燃气体的添加可导致粉尘最大爆炸压力和爆炸指数的明显提升,且爆炸指数的提升率明显大于最大爆炸压力的提升率,即可燃气体对粉尘爆炸指数的影响更为显著。根据实验结果建立了由单相介质爆炸参数(p_{max}^{G}、p_{max}^{St}、K_{G}、K_{St}) 预测两相体系爆炸参数(p_{max}^{H}、K_{H}) 的预测模型:

$$p_{max}^{H} = p_{max}^{St} + (p_{max}^{G} - p_{max}^{St}) \cdot \Phi$$

$$K_{H} = K_{St} + (K_{G} - K_{St}) \cdot \Phi^{2}$$

(5) 相同当量比条件下,高反应活性的可燃气体能够导致粉尘爆炸压力和爆炸压力上升速率更大幅度的提升。可燃气体对低爆炸强度粉尘的影响更大,即可燃气体可导致低爆炸强度粉尘最大爆炸压力和爆炸指数更大幅度的提升。

(6) 可燃气体的添加可导致粉尘最大泄爆压力的升高,且粉尘最大泄爆压力对甲烷的敏感性随着泄爆口径的减小以及静态动作压力的升高而增加。不同泄爆口径和静态动作压力条件下两相体系最大泄爆压力高于单相粉尘最大泄爆压力,低于单相可燃气体最大泄爆压力。

(7) 可燃气体的添加可导致粉尘泄爆火焰由簇状结构向束状射流结构转变,并随着可燃气体浓度的升高出现欠膨胀和周期性筒鼓状结构。同时,可燃气体的添加还将导致粉尘最大泄爆火焰长度增大、外部火焰持续时间变短,即两相体系最大泄爆火焰长度大于单相粉尘最大泄爆火焰长度,但小于单相可燃气体最大泄爆火焰长度,而外部火焰持续时间的规律与之相反。

(8) 在小体积和高静态动作压力下,NFPA 68 和 EN 14491 在用于两相体系爆炸泄放设计时,均能给予偏于保守或安全的预测结果,但相同泄爆口径和静态动作压力条件下,基于 NFPA 68 计算得到的泄压面积小于基于 EN 14491计算得到的泄压面积,即 NFPA 68 预测结果更精确,更适用于两相体系爆炸泄放设计。

(9) 结合两相体系最大爆炸压力和爆炸指数预测模型,优化了 NFPA 68 中的两相体系泄压面积计算公式,在实际应用过程中可以提高设计效率和精度。

6.2 创 新 点

(1) 定义了定量评估两相体系爆炸危险性的参数——极限因子 η,建立了关联极限因子 η 的两相体系爆炸下限预测新模型:

$$\frac{c}{c_{\text{MEC}}} = \left(1 - \frac{y}{y_{\text{LEL}}}\right)^{\eta}$$

(2) 建立了由单相介质最大爆炸压力($p_{\max}^{\text{G}}$、$p_{\max}^{\text{St}}$)和爆炸指数(K_{G}、K_{St})预测两相体系最大爆炸压力 $p_{\max}^{\text{H}}$ 和爆炸指数 K_{H} 的预测模型:

$$p_{\max}^{\text{H}} = p_{\max}^{\text{St}} + (p_{\max}^{\text{G}} - p_{\max}^{\text{St}}) \cdot \Phi$$

$$K_{\text{H}} = K_{\text{St}} + (K_{\text{G}} - K_{\text{St}}) \cdot \Phi^2$$

(3) 优化了两相体系泄压面积计算公式,该优化公式关联了可燃气体和粉尘的最大爆炸压力、爆炸指数以及可燃气体当量比,在实际应用过程中可以提高设计效率和精度。

6.3 展　望

本书致力于研究两相体系爆炸及泄放特性,但由于实验条件、研究时间等因素的限制,本书的研究工作还存在诸多不足,主要有以下方面:

(1) 实际生产中的两相体系多是由多种不同种类的可燃气体和粉尘构成,因此在今后的研究中还应关注由多种不同种类可燃气体和粉尘构成的两相体系爆炸特性,以丰富和完善两相体系爆炸理论。

(2) 火焰结构及传播速度等是研究介质爆炸机理的重要参数,而国内外学者对两相体系爆炸火焰传播特性的研究较少。因此,采用纹影、离子探针、微距等更多先进的测量手段对多尺度的两相体系爆炸火焰传播特性进行研究,并分析和探讨两相体系爆炸火焰精细结构,对于研究两相体系爆炸机理具有重要意义。

(3) 本书的爆炸泄放实验在 20 L 球形爆炸容器中开展,缺少对大尺度泄放实验的关注。因此,在今后的研究中应扩大实验尺度,增大静态动作压力范围,开展工业规模的两相体系爆炸泄放实验,以期建立适用性和针对性更强的两相体系爆炸泄放理论体系。此外,还应加强对两相体系导管泄放和无焰泄放特性的关注,以完善和丰富爆炸泄放理论体系。

参考文献

[1] 毕明树,杨国刚.气体和粉尘爆炸防治工程学[M].北京:化学工业出版社,2012.

[2] BRITTON L G. Short communication:estimating the minimum ignition energy of hybrid mixtures[J]. Process safety progress,1998,17(2):124-126.

[3] DUFAUD O,PERRIN L,TRAORÉ M. Dust/vapour explosions:hybrid behaviours? [J]. Journal of loss prevention in the process industries,2008,21(4):481-484.

[4] SANCHIRICO R,DI BENEDETTO A,GARCIA-AGREDA A,et al. Study of the severity of hybrid mixture explosions and comparison to pure dust-air and vapour-air explosions[J]. Journal of loss prevention in the process industries,2011,24(5):648-655.

[5] 王克全.煤尘与矿井特大爆炸伤亡事故的关系[J].工业安全与防尘,1998(1):25-29.

[6] 谭凤贵.近期聚烯烃料仓粉尘爆炸的分析与对策[J].石油化工安全环保技术,2008,24(6):48-50,69.

[7] EBADAT V. Dust explosion hazard assessment[J]. Journal of loss prevention in the process industries,2010,23(6):907-912.

[8] ENGLER K O V. Beiträge zur kenntniss der staubexplosionen[J]. Chemische industrie,1885:171-173.

[9] CARDILLO P,ANTHONY E J. The flammability limits of hybrid gas and dust systems[J]. La rivista dei combustibili,1978,32:390-395.

[10] PELLMONT G. Explosions-und zündverhalten von hybriden gemischen aus brennbaren stäuben und brenngasen[D]. Zürich: Swiss Federal

Institute of Technology,1979.

[11] CASHDOLLAR K L. Coal dust explosibility [J]. Journal of loss prevention in the process industries,1996,9(1):65-76.

[12] CHATRATHI K. Dust and hybrid explosibility in a 1 m^3 spherical chamber[J]. Process safety progress,1994,13(4):183-189.

[13] GARCIA-AGREDA A,DI BENEDETTO A,RUSSO P,et al. Dust/gas mixtures explosion regimes[J]. Powder technology,2011,205(1/2/3):81-86.

[14] KHALILI I,DUFAUD O,POUPEAU M,et al. Ignition sensitivity of gas-vapor/dust hybrid mixtures [J]. Powder technology, 2012, 217: 199-206.

[15] KOSINSKI P,NYHEIM R,ASOKAN V,et al. Explosions of carbon black and propane hybrid mixtures[J]. Journal of loss prevention in the process industries,2013,26(1):45-51.

[16] NIFUKU M,TSUJITA H,FUJINO K,et al. Ignitability assessment of shredder dusts of refrigerator and the prevention of the dust explosion [J]. Journal of loss prevention in the process industries,2006,19(2/3):181-186.

[17] CASHDOLLAR K L,HERTZBERG M. 20-L explosibility test chamber for dusts and gases[J]. Review of scientific instruments,1985,56(4):596-602.

[18] GARCIA-AGREDA A. Study of hybrid mixture explosions[D]. Napoli: Università degli Studi di Napoli Federico II,2010.

[19] BARTKNECHT W. Explosions: course, prevention, protection [M]. Berlin:Springer-Verlag,1981.

[20] ADDAI E K,GABEL D,KRAUSE U. Lower explosion limit of hybrid mixtures of burnable gas and dust[J]. Journal of loss prevention in the process industries,2015,36:497-504.

[21] SANCHIRICO R,RUSSO P,DI SARLI V,et al. On the explosion and flammability behavior of mixtures of combustible dusts [J]. Process safety and environmental protection,2015,94:410-419.

[22] JIANG J J,LIU Y,MASHUGA C V,et al. Validation of a new formula for predicting the lower flammability limit of hybrid mixtures [J].

Journal of loss prevention in the process industries,2015,35:52-58.

[23] JIANG J J, LIU Y, MANNAN M S. A correlation of the lower flammability limit for hybrid mixtures[J]. Journal of loss prevention in the process industries,2014,32:120-126.

[24] ADDAI E K,GABEL D,KAMAL M,et al. Minimum ignition energy of hybrid mixtures of combustible dusts and gases[J]. Process safety and environmental protection,2016,102:503-512.

[25] ADDAI E K, GABEL D, KRAUSE U. Experimental investigation on the minimum ignition temperature of hybrid mixtures of dusts and gases or solvents [J]. Journal of hazardous materials, 2016, 301: 314-326.

[26] 李刚,平洋,吴卫卫,等. 瓦斯煤粉耦合体系着火实验研究[J]. 煤炭学报,2013,38(8):1388-1391.

[27] 卢楠,夏荣花,密士珍,等. 煤尘对瓦斯爆炸反应影响的量子化学计算研究[J]. 山东化工,2008,37(11):7-11.

[28] 刘义,孙金华,陈东梁,等. 甲烷-煤尘复合体系中煤尘爆炸下限的实验研究[J]. 安全与环境学报,2007,7(4):129-131.

[29] 司荣军,王春秋. 瓦斯对煤尘爆炸特性影响的实验研究[J]. 中国安全科学学报,2006,16(12):86-91,169.

[30] 谭汝媚,张奇. 环氧丙烷蒸气-铝粉-空气杂混合物的爆炸特性研究[J]. 高压物理学报,2014,28(1):48-54.

[31] DAHN C J, ASHUM M, WILLIAMS K. Contribution of low-level flammable vapor concentrations to dust explosion output[J]. Process safety progress,1986,5(1):57-64.

[32] PILÃO R, RAMALHO E, PINHO C. Explosibility of cork dust in methane/air mixtures[J]. Journal of loss prevention in the process industries,2006,19(1):17-23.

[33] DUFAUD O, PERRIN L, TRAORE M, et al. Explosions of vapour/dust hybrid mixtures: a particular class[J]. Powder technology, 2009, 190(1/2):269-273.

[34] DI BENEDETTO A,GARCIA-AGREDA A,RUSSO P,et al. Combined effect of ignition energy and initial turbulence on the explosion behavior of lean gas/dust-air mixtures[J]. Industrial &engineering chemistry

research,2012,51(22):7663-7670.

[35] DENKEVITS A. Explosibility of hydrogen-graphite dust hybrid mixtures[J]. Journal of loss prevention in the process industries,2007,20(4/5/6):698-707.

[36] DENKEVITS A,HOESS B. Hybrid H_2/Al dust explosions in Siwek sphere[J]. Journal of loss prevention in the process industries,2015,36:509-521.

[37] AJRASH M J,ZANGANEH J,MOGHTADERI B. Effects of ignition energy on fire and explosion characteristics of dilute hybrid fuel in ventilation air methane[J]. Journal of loss prevention in the process industries,2016,40:207-216.

[38] ADDAI E K,GABEL D,KRAUSE U. Explosion characteristics of three component hybrid mixtures[J]. Process safety and environmental protection,2015,98:72-81.

[39] SANCHIRICO R,RUSSO P,SALIVA A,et al. Explosion of lycopodium-nicotinic acid-methane complex hybrid mixtures[J]. Journal of loss prevention in the process industries,2015,36:505-508.

[40] HARRISON A J,EYRE J A. "External explosions" as a result of explosion venting[J]. Combustion science and technology,1987,52(1/2/3):91-106.

[41] CHOW S K,CLEAVER R P,FAIRWEATHER M,et al. An experimental study of vented explosions in a 3 : 1 aspect ratio cylindrical vessel[J]. Process safety and environmental protection,2000,78(6):425-433.

[42] CAO Y,GUO J,HU K L,et al. Effect of ignition location on external explosion in hydrogen-air explosion venting[J]. International journal of hydrogen energy,2017,42(15):10547-10554.

[43] BAO Q,FANG Q,ZHANG Y D,et al. Effects of gas concentration and venting pressure on overpressure transients during vented explosion of methane-air mixtures[J]. Fuel,2016,175:40-48.

[44] MCCANN D P J,THOMAS G O,EDWARDS D H. Gasdynamics of vented explosions part I: experimental studies[J]. Combustion and flame,1985,59(3):233-250.

[45] GUO J,WANG C J,LI Q,et al. Effect of the vent burst pressure on explosion venting of rich methane-air mixtures in a cylindrical vessel

[J]. Journal of loss prevention in the process industries, 2016, 40: 82-88.

[46] GUO J, LI Q, CHEN D D, et al. Effect of burst pressure on vented hydrogen-air explosion in a cylindrical vessel[J]. International journal of hydrogen energy, 2015, 40(19): 6478-6486.

[47] 乔丽,刘英,李小东,等. 泄爆条件对甲烷气体爆炸参数的影响[J]. 中北大学学报(自然科学版),2015,36(2):191-196.

[48] 任少峰,陈先锋,王玉杰,等. 无约束泄爆对甲烷/空气火焰传播特性影响的试验研究[J]. 中国安全科学学报,2013,23(4):84-88.

[49] 徐进生,陈先锋,李登科,等. 甲烷/空气预混气体泄爆过程的动力学研究[J]. 工业安全与环保,2013,39(4):22-24.

[50] 师喜林,蒋军成,王志荣,等. 甲烷-空气预混气体泄爆过程的实验研究[J]. 中国安全科学学报,2007,17(12):107-110,193.

[51] 师喜林,王志荣,蒋军成. 球形容器内气体的泄爆过程[J]. 爆炸与冲击,2009,29(4):390-394.

[52] CHEN Z H, FAN B C, JIANG X H, et al. Investigations of secondary explosions induced by venting[J]. Process safety progress, 2006, 25(3): 255-261.

[53] JIANG X H, FAN B C, YE J F, et al. Experimental investigations on the external pressure during venting[J]. Journal of loss prevention in the process industries, 2005, 18(1): 21-26.

[54] 姜孝海,范宝春,叶经方. 泄爆外流场特性的试验研究[J]. 实验力学,2005,20(2):171-178.

[55] 叶经方,姜孝海,贾正望,等. 泄爆诱导二次爆炸的实验研究[J]. 爆炸与冲击,2004,24(4):356-362.

[56] 姜孝海,范宝春,叶经方,等. 泄爆过程中二次爆炸的动力学机理研究[J]. 力学学报,2005,37(4):442-450.

[57] 范宝春,姜孝海. 高压泄爆导致的二次爆炸[J]. 爆炸与冲击,2005,25(1):11-16.

[58] SCHUMANN S, HAAS W, SCHMITTBERGER H. Dust explosion venting. Investigation of the secondary explosion for vessel volumes from 0.3 m^3 to 250 m^3[J]. Staub reinhaltung der luft, 1993, 53(12): 445-451.

[59] CROWHURST D. The external esplosion characteristics of vented dust explosions[J]. Fuel and energy abstracts,1996,37(4):302.

[60] SNOEYS J,GOING J E,TAVEAU J R. Advances in dust explosion protection techniques: flameless venting [J]. Procedia engineering, 2012,45:403-413.

[61] FORCIER T,ZALOSH R. External pressures generated by vented gas and dust explosions [J]. Journal of loss prevention in the process industries,2000,13(3/4/5):411-417.

[62] SKJOLD T,ARNTZEN B J,HANSEN O R,et al. Simulation of dust explosions in complex geometries with experimental input from standardized tests [J]. Journal of loss prevention in the process industries,2006,19(2/3):210-217.

[63] TAVEAU J. Correlations for blast effects from vented dust explosions [J]. Journal of loss prevention in the process industries,2010,23(1): 15-29.

[64] TAVEAU J. Secondary dust explosions: how to prevent them or mitigate their effects? [J]. Process safety progress,2012,31(1):36-50.

[65] PONIZY B,LEYER J C. Flame dynamics in a vented vessel connected to a duct:1. Mechanism of vessel-duct interaction[J]. Combustion and flame,1999,116(1/2):259-271.

[66] PONIZY B,LEYER J C. Flame dynamics in a vented vessel connected to a duct: 2. Influence of ignition site, membrane rupture, and turbulence[J]. Combustion and flame,1999,116(1/2):272-281.

[67] MOLKOV V V, NEKRASOV N P. Gas combustion dynamics in a constant volume vented vessel[J]. Combustion, explosion and shock waves,1981,17:363.

[68] LUNN G A,NICOL A M,COLLINS P D,et al. Effects of vent ducts on the reduced pressures from explosions in dust collectors[J]. Journal of loss prevention in the process industries,1998,11(2):109-121.

[69] LUNN G A,CROWHURST D,HEY M. The effect of vent ducts on the reduced explosion pressures of vented dust explosions[J]. Journal of loss prevention in the process industries,1988,1(4):182-196.

[70] HENNETON N,PONIZY B,VEYSSIÈRE B. Control of flame transmission

from a vessel to a discharge duct[J]. Combustion science and technology, 2006, 178(10/11): 1803-1819.

[71] FERRARA G, DI BENEDETTO A, SALZANO E, et al. CFD analysis of gas explosions vented through relief pipes[J]. Journal of hazardous materials, 2006, 137(2): 654-665.

[72] FERRARA G, WILLACY S K, PHYLAKTOU H N, et al. Venting of gas explosion through relief ducts: interaction between internal and external explosions[J]. Journal of hazardous materials, 2008, 155(1/2): 358-368.

[73] 张庆武，蒋军成，喻源，等. 容器内气体爆炸带导管泄爆的实验研究[J]. 南京工业大学学报(自然科学版)，2014，36(4)：79-83.

[74] MCCANN D P J, THOMAS G O, EDWARDS D H. Gasdynamics of vented explosions. Part Ⅱ: one-dimensional wave interaction model[J]. Combustion and flame, 1985, 60(1): 63-70.

[75] BIDABADI M, ZADSIRJAN S, MOSTAFAVI S A. Radiation heat transfer in transient dust cloud flame propagation[J]. Journal of loss prevention in the process industries, 2013, 26(4): 862-868.

[76] CHAO J, DOROFEEV S B. Evaluating the overall efficiency of a flameless venting device for dust explosions [J]. Journal of loss prevention in the process industries, 2015, 36: 63-71.

[77] BARTKNECHT W. Pressure venting of dust explosions in large vessels[J]. Process safety progress, 1986, 5(4): 196-204.

[78] TELMO MIRANDA J, MUÑOZ CAMACHO E, HERRERO LATORRE C, et al. Comparative analysis of explosion vent areas for milk spray dryers according to the EN 14491 (2006) and NFPA 68 (2007) standards[J]. Drying technology, 2014, 32(12): 1466-1485.

[79] TASCÓN A, AGUADO P J, RAMÍREZ A. Dust explosion venting in silos: a comparison of standards NFPA 68 and EN 14491[J]. Journal of loss prevention in the process industries, 2009, 22(2): 204-209.

[80] TASCÓN A, RUIZ Á, AGUADO P J. Dust explosions in vented silos: simulations and comparisons with current standards [J]. Powder technology, 2011, 208(3): 717-724.

[81] GOING J E, CHATRATHI K, CASHDOLLAR K L. Flammability

limit measurements for dusts in 20-L and 1-m³ vessels[J]. Journal of loss prevention in the process industries,2000,13(3/4/5):209-219.

[82] DASTIDAR A G, AMYOTTE P R. Explosibility boundaries for fly ash/pulverized fuel mixtures[J]. Journal of hazardous materials,2002, 92(2):115-126.

[83] MYERS T J. Reducing aluminum dust explosion hazards:case study of dust inerting in an aluminum buffing operation[J]. Journal of hazardous materials,2008,159(1):72-80.

[84] YAN X Q, YU J L. Dust explosion venting of small vessels at the elevated static activation overpressure[J]. Powder technology, 2014, 261:250-256.

[85] YAN X Q,YU J L,GAO W. Duct-venting of dust explosions in a 20 L sphere at elevated static activation overpressures[J]. Journal of loss prevention in the process industries,2014,32:63-69.

[86] YAN X Q, YU J L, GAO W. Flame behaviors and pressure characteristics of vented dust explosions at elevated static activation overpressures[J]. Journal of loss prevention in the process industries, 2015,33:101-108.

[87] AMYOTTE P R, PEGG M J. Lycopodium dust explosions in a Hartmann bomb:effects of turbulence[J]. Journal of loss prevention in the process industries,1989,2(2):87-94.

[88] HAN O S, YASHIMA M, MATSUDA T, et al. Behavior of flames propagating through lycopodium dust clouds in a vertical duct[J]. Journal of loss prevention in the process industries, 2000, 13(6): 449-457.

[89] HAN O S, YASHIMA M, MATSUDA T, et al. A study of flame propagation mechanisms in lycopodium dust clouds based on dust particles′ behavior[J]. Journal of loss prevention in the process industries,2001,14(3):153-160.

[90] KHALIL Y F. Experimental determination of dust cloud deflagration parameters of selected hydrogen storage materials: complex metal hydrides, chemical hydrides, and adsorbents[J]. Journal of loss prevention in the process industries,2013,26(1):96-103.

[91] SILVESTRINI M,GENOVA B,LEON TRUJILLO F J. Correlations for flame speed and explosion overpressure of dust clouds inside industrial enclosures[J]. Journal of loss prevention in the process industries,2008,21(4):374-392.
[92] 吴俊禄,季云彬.聚丙烯产品料仓闪爆原因分析及对策措施[J].石油化工安全技术,2003,19(6):37-40.
[93] 张研,汪亮,孙得川,等.低密度聚乙烯的热解试验研究[J].固体火箭技术,2006,29(6):443-445.
[94] BJERKETVEDT D, BAKKE J R, VAN WINGERDEN K. Gas explosion handbook[J]. Journal of hazardous materials, 1997, 52(1): 1-150.
[95] 赵衡阳.气体和粉尘爆炸原理[M].北京:北京理工大学出版社,1996.
[96] 徐通模.燃烧学[M].北京:机械工业出版社,2011.
[97] TSCHIRSCHWITZ R, SCHRÖDER V, BRANDES E, et al. Determination of explosion limits: criterion for ignition under non-atmospheric conditions[J]. Journal of loss prevention in the process industries,2015,36:562-568.
[98] CASHDOLLAR K L, ZLOCHOWER I A, GREEN G M, et al. Flammability of methane, propane, and hydrogen gases[J]. Journal of loss prevention in the process industries,2000,13(3/4/5):327-340.
[99] DAHOE A E,DE GOEY L P H. On the determination of the laminar burning velocity from closed vessel gas explosions[J]. Journal of loss prevention in the process industries,2003,16(6):457-478.
[100] MASHUGA C V, CROWL D A. Application of the flammability diagram for evaluation of fire and explosion hazards of flammable vapors[J]. Process safety progress,1998,17(3):176-183.
[101] AMYOTTE P R,PATIL S,PEGG M J. Confined and vented ethylene/air deflagrations at initially elevated pressures and turbulence levels[J]. Process safety and environmental protection,2002,80(2):71-77.
[102] 张英华,黄志安,高玉坤.燃烧与爆炸学[M].2版.北京:冶金工业出版社,2015.
[103] KHALIL Y F. Experimental investigation of the complex deflagration phenomena of hybrid mixtures of activated carbon dust/hydrogen/air

[J]. Journal of loss prevention in the process industries,2013,26(6):1027-1038.

[104] MANSOURPOUR Z,MOSTOUFI N,SOTUDEH-GHAREBAGH R. Investigating agglomeration phenomena in an air-polyethylene fluidized bed using DEM-CFD approach [J]. Chemical engineering research and design,2014,92(1):102-118.

[105] 苗瑞生. 发射气体动力学[M]. 北京:国防工业出版社,2006:179-184.

[106] QI S, DU Y, WANG S M, et al. The effect of vent size and concentration in vented gasoline-air explosions [J]. Journal of loss prevention in the process industries,2016,44:88-94.

[107] 闫兴清. 高静态动作压力下粉尘爆炸泄放特性研究[D]. 大连:大连理工大学,2014.

[108] 喻健良,闫兴清. 高静态动作压力下粉尘爆炸泄放标准的可靠性[J]. 东北大学学报(自然科学版),2015,36(9):1316-1320.